_____ 드림

라라의
행복한
도시락

라라의
행복한
도시락

초판 1쇄 인쇄 2015년 10월 12일
초판 1쇄 발행 2015년 10월 19일

지은이 신수진

발행인 장상진
발행처 경향미디어
등록번호 제313-2002-477호
등록일자 2002년 1월 31일

주소 서울시 영등포구 양평동 2가 37-1번지 동아프라임밸리 507-508호
전화 1644-5613 | **팩스** 02) 304-5613

ISBN 978-89-6518-143-9 13590

· 값은 표지에 있습니다.
· 파본은 구입하신 서점에서 바꿔드립니다.

특별한 일상을 위한 즐거운 요리

라라의
행복한
도시락

라라 **신수진** 지음

경향미디어

Prologue

뚜껑을 여는 순간 행복해지는
라라의 달콤한 도시락

　'도시락' 하면 늘 엄마가 떠올라요. 엄마는 학창시절 세 자매의 도시락을 한 번도 거르지 않고 정성스럽게 만들어 주셨어요. '오늘은 어떤 반찬일까?' 하는 호기심은 점심시간을 설레게 했어요. 가끔 엄마의 감동 어린 편지와 용돈이 있으면 종일 싱글벙글 좋아했죠. 어릴 때는 요리책을 즐겨보며 엄마의 요리를 돕기도 하고 TV 프로그램 「오늘의 요리」는 빼놓지 않고 보는 애청자였어요. 이런 추억 때문인지 평소 요리에 관심이 많았어요. 자연스럽게 요리를 접하며 요리연구가를 꿈꾸게 됐죠. 그 목표를 위해 한식, 양식, 일식, 궁중요리, 베이킹, 푸드스타일링 등 폭넓게 요리를 배웠어요. 아직 갈 길은 멀지만 그동안 공부한 지식을 바탕으로 요리책, 특히 '도시락' 책을 선보이려고 해요.

　엄마의 사랑이 담긴 도시락을 먹었던 제가 어느덧 시간이 흘러 한 남자의 아내가 됐고, 남편을 위해 도시락을 쌀 때면 저절로 행복해져요. 도시락에 맛있는 음식을 담으며 사랑, 정성, 행복의 주문을 걸어요. 남편이 뚜껑을 여는 순간 그 마법에 빠져 근사한 식사 시간을 보내겠죠? 이런 행복을 많은 사람과 함께 나누고 싶어요. 간단하고 쉬운 이 책의 도시락 레시피로 사랑의 주문이 걸린 도시락을 만들어보세요. 가족, 연인, 아이에게 행복을 전해주는 사랑의 배달부가 될 거예요.

　사랑하는 우리 가족 아빠, 엄마, 언니, 동생과 묵묵히 응원해준 시부모님 그리고 늘 아낌없이 든든하게 지원해주는 사랑하는 남편에게 감사하다는 말을 전합니다. 끝으로 저를 아껴주시는 블로거 이웃님들과 책이 나올 수 있게 도와준 출판사 분들께 감사 인사를 전합니다.

라라 신수진

Contents

PART1

누구나 쉽게 따라하는 초간단 도시락

다양한 도시락용기

하나쯤 있으면 도시락 쌀 때 좋은 용기를 소개할게요.
재질, 모양에 따라 각각 특징이 다르니 꼼꼼하게 따져보고 알맞은 용기를 준비하세요.

대나무 도시락용기

대나무 재질의 도시락은 방수처리가 돼 있어
양념이 스며들지 않아요. 바구니처럼 성글게
짠 대나무 도시락용기는 고급스러워 보이고
통풍이 잘 되어 영양밥 또는 쌈밥 등을 담기에
아주 좋아요.

스테인리스 도시락용기

뜨거운 음식을 담아도 환경호르몬이 나오지
않고 내구성이 강하며 가벼운 것이 장점이에
요. 또한 음식 냄새가 잘 배지 않아요. 일반 사
각형 스테인리스 도시락용기는 밀폐력이 약해
음식이 샐 수 있으니 비닐이나 전용 도시락주
머니에 담아요.

플라스틱 도시락용기

저렴하고 흔히 구할 수 있는 도시락용기. 음식 냄새가 잘 배는
편이라 김치처럼 향이 강한 반찬은 따로 담거나 유산지컵을
사용해야 해요. 환경호르몬 나올 것이 걱정된다면 열에 강한
폴리프로필렌(pp) 소재로 만든 도시락용기를 구입하세요. 라
벨을 확인하면 간단히 알 수 있어요.

철제 틴 도시락용기

넓고 손잡이가 달려 있어 아이들 소풍 때 김밥,
샌드위치, 물통 등을 한꺼번에 담으면 편리해요.

강화유리 도시락용기

강화유리 재질이라 쉽게 깨질 염려가 없어요. 전자레인지에 넣어서도 사용 가능해 국, 카레, 짜장 등을 바로 데워 먹을 수 있는 장점이 있어요. 유리라 다소 무겁지만 음식 냄새가 배지 않아 다양한 반찬을 담을 수 있어 편해요.

일본풍 칠기 도시락용기

초밥, 김밥, 덮밥 등을 담으면 한층 더 고급스럽고 도시락전문점에서 사온 듯한 느낌을 낼 수 있어요. 밴드로 묶기 때문에 밀폐력이 좋아요.

보온 도시락용기

밥, 죽, 국 등을 따뜻하게 먹을 수 있어 추운 겨울에 꼭 필요해요. 추운 날씨에 나들이 갈 때 유용한 필수 아이템이에요.

샌드위치전용 도시락용기

샌드위치는 일반 밀폐 도시락용기에 담거나 포일로 포장하면 모양이 눌리고 빵이 눅눅해져요. 통풍이 되도록 구멍 뚫린 샌드위치전용 도시락용기에 담아요. 빵이 눅눅해지지 않고 모양도 흐트러지지 않게 담을 수 있어 좋답니다.

삼각김밥전용 도시락용기

삼각김밥도 샌드위치와 마찬가지로 일반 도시락용기에 담으면 자칫 모양이 눌릴 수 있어요. 전용 용기에 담으면 모양이 망가지지 않아 보기에 좋고 먹기도 편해요.

디저트컵

뚜껑이 있어 후식으로 먹을 과일, 쿠키, 초콜릿 등을 예쁘게 담을 수 있어요.

포장용 달걀박스

포장용 달걀박스는 튼튼한 펄프 재질로 동글동글한 주먹밥이나 크로켓을 담기에 좋아요. 포장용 달걀박스 대신 달걀이 들어 있던 박스를 재활용할 때는 균이 있을 수 있으니 랩을 깐 뒤 음식을 담아요. 방산시장, 온라인 베이킹재료 쇼핑몰에서 저렴한 가격에 구입할 수 있어요.

1회용 나무상자

1회용으로 만들어졌지만 튼튼해서 여러 번 재사용할 수 있어요. 소스, 국물 등을 잘 흡수하니 소스나 국물이 많은 음식은 담지 마세요.

종이컵

일반적으로 커피, 음료수를 담는 컵이지만 롤샌드위치, 미니컵밥을 만들어 담기에 좋아요. 컵 안쪽에 코팅이 돼서 음식물이 샐 염려가 없어요.

종이상자

방산시장이나 온라인 베이킹재료 쇼핑몰에서 쉽게 구매할 수 있는 다양한 용도의 종이상자예요. 김밥, 샌드위치, 핫도그, 햄버거 등을 다양하게 담을 수 있어요. 특히 손잡이가 있는 종이박스는 볶음밥, 비빔밥, 볶음국수 등을 담기에 좋아요.

유리병

제과점에서 판매하는 푸딩병, 잼병을 재활용해서 사용해요. 냄새가 배는 김치, 젓갈, 고추장, 소스 등을 따로 담기 좋아 필수품이죠. 밀폐력이 좋아 잘 새지 않아요.

소스통

소스, 샐러드드레싱을 담기에 좋아요. 돈가스, 튀김, 부침개 등에 소스를 미리 뿌리지 말고 따로 소스통에 담아요.

더 예쁘게!
더 맛있게!

도시락소품

도시락을 예쁘게 꾸미고 싶지만 손재주가 없어 평범한 도시락을 싸게 되죠?
왁스페이퍼, 모양펀치 등 몇 가지 소품만 있으면 전문가 부럽지 않게 귀엽고 앙증맞은 도시락을 쌀 수 있어요.

왁스페이퍼

샌드위치, 햄버거, 핫도그 등을 도시락용기에 담지 않고 왁스
페이퍼로 예쁘게 포장해보세요. 나들이, 소풍을 갈 때 왁스페
이퍼로 음식을 포장하면 다 먹고 난 뒤 버릴 수 있어 편해요.

반찬꽂이

반찬꽂이 또는 픽이라고 해요. 반찬을 고정하거나 밋밋한 도
시락을 예쁘고 귀엽게 만들기 위해 사용하는 아이템이에요.

plus tip

반찬꽂이 만들기

이쑤시개와 마스킹테이프만 있으면 귀여운 반찬꽂이를 만들
수 있어요. 여러 개를 만들어 놓고 도시락을 쌀 때마다 사용하
면 좋아요.

재료 이쑤시개 또는 꼬치, 마스킹테이프

1 마스킹테이프를 5cm 정도
펼친 다음 중간 위치에 이쑤
시개를 붙여요.

2 마스킹테이프를 가로로
자른 다음 겹쳐 붙이면 완성
이에요. 끝부분을 원하는 모
양으로 잘라 다양한 반찬꽂
이를 만들어요.

반찬 칸막이&반찬컵

반찬끼리 섞이지 않게 해요. 캐릭터 모양의 반찬 칸막이, 반찬컵은 도시락을 한층 발랄하고 귀엽게 해줘요.

미니 쿠키틀

채소, 햄, 달걀말이를 쿠키틀로 찍어서 도시락에 담아요. 귀엽고 예쁜 도시락을 손쉽게 만들수 있어요.

모양펀치

스마일펀치, 발자국펀치 등 다양한 모양의 펀치는 온라인 쇼핑몰에서 구입할 수 있어요. 펀치로 김을 찍어서 반찬이나 밥 위에 올리면 깜찍한 도시락을 완성할 수 있어요. 쉽고 예쁘게 도시락을 꾸밀 수 있어 하나쯤 있으면 유용해요.

미니가위&집게

모양펀치로 김을 모양내서 올릴 때 꼭 필요한 도구예요. 위생이 중요하므로 음식 전용으로만 사용하세요.

스탬프 모양틀

미니샌드위치를 만드는 도구로 귀여운 모양이 많아 아이들이 특히 좋아해요. 빵 사이에 잼을 넣은 다음 스탬프 모양틀로 빵을 찍어 내면 먹음직스러운 샌드위치를 간단히 만들수 있어요.

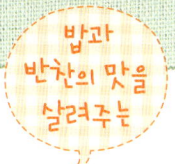

라라의 맛내기 양념

집에서 직접 만드는 맛내기 양념으로 밥과 반찬의 맛을 풍부하게 해요.
배합초·가쓰오부시국물·천연 후리카케만 있으면 도시락의 밥과 반찬 맛내기, 걱정 없어요.

배합초 롤, 주먹밥 등을 만들 때 밥 양념으로 사용해요.
배합초로 양념한 밥에 김, 후리카케 등을 넣어 간단하게 도시락을 쌀 수 있어요.

재료

식초	6큰술
설탕	4큰술
소금	2작은술

냄비에 식초, 설탕, 소금을 넣고 약불
에서 젓지 않은채로 설탕, 소금이 녹
을 때까지만 끓여요.

plus tip

초밥용 밥 짓기와 밥 섞기 `4~5인`

재료 : 쌀 3컵, 다시마(5×5cm) 1장

1 쌀을 볼에 담아 쌀알이
부서지지 않게 손바닥으
로 치대듯 3~4번 씻어 헹
궈요. 너무 많이 씻으면
밥맛이 떨어져요.

2 씻은 쌀은 체에 밭쳐 물
기를 빼면서 30분 정도 그
대로 놓아두어요.

3 불린 쌀은 1~1.1배의 물
과 다시마를 넣어 센불에
서 7~10분 정도 끓이다가
중불로 줄여요.

4 밥물이 잦아들면 불을
끈 다음 10~15분 정도 뜸
을 들인 뒤 밥을 뒤섞어요.

5 고슬고슬하게 지어진
뜨거운 밥에 배합초를 조
금씩 부으며 주걱으로 자
르듯 고루고루 섞어요. 김
이 빨리 날아가도록 부채
질해 식히면 꼬들꼬들한
초밥용 밥이 완성돼요.

6 밥이 마르지 않게 젖은
면 보자기나 뚜껑을 덮어
놓아요.

가쓰오부시국물

가쓰오부시국물은 미소된장국, 달걀찜 등을 요리할 때 국물로 사용해요.

🍴재료🍴

물	3컵
다시마(5×5cm)	1장
가쓰오부시	1/2컵

1 다시마는 젖은 면 보자기로 겉을 닦아 냄비에 물과 함께 넣고 보글보글 끓기 시작하면 건져요.

2 가쓰오부시를 넣고 바로 불을 끈 후 5분 뒤에 면 보자기나 고운체에 걸러내 맑게 만들어요.

천연 후리카케

생선가루, 김, 깨, 익혀서 말린 채소가루 등을 섞은 거예요.
맛이 짭짤해 밥에 뿌려 먹거나 주먹밥을 만들 때 넣는 일본 식품 중의 하나랍니다.

🍴재료🍴

보리새우	1컵
구운 파래김	4장
가쓰오부시	2/3컵
통깨	1/2컵
간장	3큰술
소금	1/3작은술

1 보리새우, 구운 파래김, 가쓰오부시는 커터기에 넣고 굵게 갈아요. 분쇄기를 이용하면 너무 곱게 갈아지므로 꼭 커터기를 사용해요.

2 마른 팬에 통깨, 1의 재료를 모두 넣고 중약불에서 5분 정도 저으며 볶아요.

3 간장을 고루 뿌리면서 뒤섞어요. 여기에 소금을 넣고 재료가 바삭하게 마를 때까지 볶아요.

4 밀폐용기에 담아 냉장보관해요. 오래두고 먹을 경우에는 냉동실에 보관해요.

먹음직스럽게
만드는 비법!

라라의 도시락 노하우

밥을 담거나 반찬을 만들 때 알아두면 좋은 라라의 도시락 노하우를 소개할게요.
알고 있으면 더욱 먹음직스러워 보이는 도시락을 쌀 수 있어요.

knowhow 01 도시락에 밥 담는 법

• 도시락에 뜨거운 밥을 담고 뚜껑을 바로 닫으면 뚜껑에 맺힌 수증기 때문에 밥
과 반찬이 질척해지고 음식 맛도 떨어져요. 무엇보다 음식이 상하기 쉬우니 한
김 식힌 후에 도시락 뚜껑을 닫아요. 특히 플라스틱 재질의 도시락용기는 뜨거
운 밥을 바로 넣으면 환경호르몬이 나올 수 있으니 한 김 식혀 담아요.

노하우1 사용 레시피! 옛날도시락, 삼색덮밥, 주꾸미볶음 덮밥 등

knowhow 02 달걀지단 찢어지지 않게 부치는 법

• **달걀지단(노른자+흰자) 부칠 경우** 물과 전분가루를 1:1 비율로 넣어 전분물을 만들
어요. 달걀 1개당 1작은술 정도를 넣고 고루 섞어 지단을 부쳐요.
• **노른자 지단** 식용유 1방울과 소량의 소금을 노른자에 넣고 잘 저어요. 체에 한
번 걸러 알끈을 제거하고 거품은 살짝 걷어내요. 종이타월에 기름을 조금 묻혀
서 팬에 코팅하듯 고르게 바른 다음 약불에서 부쳐요.
• **흰자 지단** 흰자에 전분가루 1/2작은술을 넣고 고루 섞은 다음 거품을 걷어내요.
노른자 지단과 같은 방법으로 약불에서 익혀요. 전분을 넣으면 흰자 지단의 색
을 더욱 희게 하고 찢어지기 쉬운 흰자 지단이 깔끔하게 부쳐져요. 일반적으로
는 전분가루를 넣지 않고 지단을 부친답니다.

노하우2 사용 레시피! 비빔밥 도시락, 치킨마요덮밥, 장어 지라시스시 등

knowhow 03 달걀말이 예쁘게 마는 법

• 살짝 달군 팬에 기름을 두르고 중불에서 달걀 푼 것 1/3이나 1/2 정도를 부어
요. 달걀이 반쯤 익을 때 말아요. 말지 않은 달걀 끝부분에 달걀 푼 것을 다시 붓
고 이어 말아요. 노릇해지지 않게 중약불로 불을 낮춰 익혀요. 완성한
달걀말이는 뜨거울 때 김발에 말아서 모양을 단단하게 잡아요. 5~10분 정도 한
김 식힌 후 칼로 잘라요.

노하우3 사용 레시피! 세 가지 웰빙 채소롤, 달걀초밥롤, 달걀말이 김밥, 캘리포니아롤, 주꾸미볶음 덮밥 등

knowhow 04 달걀프라이 노른자 봉긋하게 반숙으로 부치기

• 약불에 올린 팬에 기름을 조금 두르고 달걀을 깨뜨려 넣어요. 이때 노른자가 한쪽으로 쏠리지 않게 숟가락으로 노른자를 받쳐 가운데에 고정시켜요. 흰자가 익을 때까지 노른자를 받치고 있어야 노른자가 가운데에 자리잡아요. 불이 세면 달걀프라이에 기포가 생기면서 테두리가 쭈글쭈글하게 익게 되므로 약불에서 서서히 익혀요.

> 노하우4 사용 레시피! 옛날도시락, 햄버그스테이크 도시락 등

knowhow 05 달걀 삶기

• 냉장고에서 꺼낸 차가운 달걀을 바로 삶으면 껍질이 깨지고 잘 벗겨지지 않아요. 달걀을 미리 꺼내 실온에 잠시 두었다 삶는 게 좋아요. 물이 약간 미지근할 때부터 끓을 때까지 5분가량 나무 숟가락으로 살살 굴려요. 이렇게 하면 노른자가 한쪽으로 쏠리지 않고 달걀 중심에 자리잡아요.

> 노하우5 사용 레시피! 할로윈 도시락, 케이준치킨 샐러드, 슈림프 샌드위치 등

plus tip

• 달걀이 익으면서 껍질이 깨지는 것을 방지하기 위해 소금과 식초를 조금 넣어요. 달걀을 삶은 후 바로 찬물에 담가야 껍질이 잘 벗겨져요.

• 반숙을 원하면 8~10분 정도, 완숙을 원하면 15~20분 정도 삶아요. 너무 오래 삶으면 노른자 주위가 회녹색(녹변현상)으로 변하니 주의해요.

knowhow 06 녹색채소 선명하게 데치는 법

• 브로콜리, 시금치 등 채소를 1단 정도 데칠 경우 끓는 물에 소금 1/2큰술을 넣고 삶아요. 소금이 산화를 방지해서 녹색채소의 색이 더 선명해지고 비타민C 파괴도 덜 해요.

> 노하우6 사용 레시피! 크리스마스 도시락, 햄버그스테이크 도시락, 시금치당근달걀말이, 눈사람 도시락, 꼬마김밥 등

knowhow 07 새우 색 선명하게 삶는 법

• 새우는 소금과 식초를 약간 넣어 삶으면 색이 더욱 선명해지고 새우의 비린내도 제거돼요. 끓는 물에 새우를 넣고 2~3분쯤 삶으면 껍질이 분홍빛을 띠어요. 이때 끓는 물에서 꺼내 찬물 또는 얼음물에 담가 한 김 식힌 후에 껍질을 벗겨요. 새우 껍질이 매끈하고 깨끗하게 벗겨진답니다.

> 노하우7 사용 레시피! 중국식 새우볶음밥, 슈림프 샌드위치 등

쉽게 맛을 낼 수 있어요!

시판용 소스

토마토케첩, 마요네즈 외에도 다양한 시판용 소스를 구입하세요.
도시락의 맛을 더욱 풍부하게 해준답니다.

발사믹식초

포도즙을 숙성시킨 이탈리아 포도식
초로 신맛과 단맛이 강해 이탈리아
요리뿐 아니라 서양요리에 두루 사
용해요. 향미가 뛰어나 생선, 해산
물, 고기 등의 소스로 사용해요. 발사
믹식초만으로 샐러드드레싱을 만들
기도 해요.

발사믹크림

발사믹식초에 와인을 섞어서 약불에
졸여 걸쭉하게 만든 것. 발사믹식초
와 달리 시지 않고 단맛이 강해 샐러
드 위에 뿌려 먹거나 애피타이저 소
스로 많이 사용해요.

유기농 토마토케첩

유기농 토마토로 만든 케첩으로 일
반 토마토케첩에 비해 첨가물이 덜
들어 있어요. 아이들 도시락 쌀 때 사
용하면 좋아요.

콜레스테롤 제로 마요네즈

각종 첨가물과 콜레스테롤을 뺀 마
요네즈예요. 샐러드, 샌드위치, 각종
소스에 넣어 자주 사용하는 소스 중
하나랍니다.

허브솔트

오레가노, 로즈마리 등 여러 허브와 통후추가 들어 있는 소금이에요. 고기에 밑간 양념으로 사용하면 허브의 은은한 향이 냄새를 잡아 줘요. 스테이크를 구울 때 많이 사용해요.

허니머스터드

치킨 샐러드, 새우 샐러드 등 모든 샐러드와 샌드위치에 어울리는 소스예요. 튀김, 구이 요리에 곁들여도 좋아요. 달콤해 아이들이 특히 좋아하죠. 일반 머스터드 2큰술, 마요네즈 3큰술, 꿀 2큰술, 설탕 1작은술, 레몬즙 또는 레몬주스 1/2큰술을 함께 고루 섞으면 허니머스터드를 만들 수 있어요.

홀그레인머스터드

겨자씨가 그대로 들어간 머스터드로 각종 육류 요리는 물론 샐러드드레싱, 샌드위치 소스에 두루 쓰여요.

디종머스터드

곱게 간 겨자씨로 만들어 부드러우면서 맵고 톡쏘는 맛이 특징이에요. 육류 요리는 물론 마요네즈, 꿀 등을 첨가해 샌드위치에 발라 먹으면 좋아요.

칠리소스

매운 고추 칠리로 만든 소스예요. 쌀국수, 볶음밥 등에 잘 어울리고 해산물을 볶거나 음식에 매운맛을 더할 때 많이 사용해요.

스위트칠리소스

달콤한 맛이 강한 칠리소스예요. 오징어튀김, 새우튀김, 월남쌈, 춘권 등에 곁들여 먹으면 좋아요.

스테이크소스

토마토퓌레에 양파, 겨자, 마늘, 허브 등의 각종 향신료가 들어간 스테이크 소스예요. 스테이크에 곁들이거나 육류, 생선류 등을 요리할 때 발라서 구워도 좋아요.

팟타이소스

새콤달콤한 맛이 일품인 타이소스예요. 해산물 요리와 볶음국수 요리에 많이 사용해요.

피넛월남쌈소스

땅콩의 고소함과 달콤함이 느껴지는 소스로 월남쌈은 물론 우리나라 무쌈말이에도 잘 어울려요.

핫소스

멕시코의 대표 소스로 타바스코 지방의 붉은 고추로 만든 소스예요. 혀끝이 얼얼할 정도로 매운맛이 강해 다른 소스와 섞어 사용해요.

굴소스

굴의 깊은 맛이 살아나는 소스로 중국 볶음요리에 많이 쓰여요. 맛과 향이 강해 조금만 넣어도 감칠맛이 나요. 요즘에는 첨가물을 넣지 않은 천연 굴소스가 많이 판매되고 있어요.

미소된장

짠맛과 구수한 맛 등 종류별로 맛이 다양해요. 퓨전식 소스를 만들 때 주로 사용해요. 미소된장은 끓일수록 맛이 떨어지니 요리 마지막에 넣어 한소끔만 끓여요.

누구나 쉽게 따라 하는
초간단 도시락

사 먹는 음식이 지겨워 도시락을 싸고 싶은 분,
아이 도시락을 싸는 게 번거로운 사람,
나들이 갈 때 간단하게 도시락을 싸고 싶은 분… 여기 주목!
레시피대로 따라 하면 맛은 물론 앙증맞은 도시락을 뚝딱 만들 수 있어요.

추억이 새록새록~

옛날도시락

1970~80년대 배경인 드라마에 나오는
금빛 또는 은빛 양은 도시락 속에
정감 가는 반찬과 밥이 알차게 담겨 있어요.
집에 있는 기본 반찬만 담아도
예스러운 느낌이 물씬 풍겨나요.

🍴 재료 🍴

2인

밥	2공기

분홍소시지 부침

분홍소시지	1/3개
달걀	1개
포도씨유	조금

달걀프라이

달걀	2개
포도씨유	1큰술

김치볶음

김치	1컵
버터	1작은술

요리 Tip

1 도시락을 싼 후 몇 시간 지나서 먹으려면 달걀프라이를 완전히 익혀 담으세요. 달걀노른자가 모두 익지 않으면 식중독을 일으킬 수 있어요.

2 소시지 부침, 달걀프라이, 김치볶음 외에 다른 밑반찬을 도시락에 넣어도 좋아요. 김자반, 멸치볶음 등 냉장실에 있는 다른 밑반찬을 적절히 활용하세요.

분홍소시지 부침

1 소시지는 0.8cm 두께로 동그란 모양을 살려 썰어요.

2 달걀은 볼에 담아 거품기로 풀어요.

3 **1**의 소시지에 **2**의 달걀 푼 것을 입혀요. 그런 다음 달군 팬에 포도씨유를 조금 두르고 소시지를 노릇노릇하게 부쳐요.

달걀프라이

4 달군 팬에 포도씨유를 두르고 약불에서 달걀을 깨뜨려 프라이를 만들어요. 취향에 맞게 반숙 또는 완숙해요.

김치볶음

5 달군 팬에 버터를 녹인 다음 다진 김치를 넣고 달달 볶아요. 김치에 신맛이 너무 강할 때는 설탕을 조금 넣어요.

도시락에 담기

6 양은 도시락에 밥을 담고 소시지 부침과 김치볶음을 한쪽 구석에 담아요. 마지막으로 밥 위에 달걀프라이를 얹어 뚜껑을 닫아요.

달걀말이
김밥

김밥에 달걀말이가 통째로 쏙!
달걀말이 김밥은 만들기 쉽고
달걀말이 속에 채소, 햄 등이 들어 있어
다른 반찬이 필요 없어요.

재료

2인

달걀말이

당근	1/6개(40g)
애호박	1/5개(54g)
표고버섯	2개(30g)
비엔나소시지	7개
달걀	5개
소금	1/2작은술
참기름	1작은술
포도씨유	1½~2큰술

김밥말이

슬라이스 햄	5장
깻잎	6장
김	2장

밥

밥	2공기
소금	조금
참기름	적당량

요리조리 Tip 김밥용 김은 한쪽은 매끄럽고 반대쪽은 까끌까끌해요. 매끄러운 부분이 김밥의 겉이 돼야 보기에 더 먹음직스럽고 쌀 때 잘 찢어지지 않아요.

달걀말이

1 당근, 애호박, 표고버섯, 소시지는 잘게 다져 준비해요.

2 달걀을 볼에 풀어 체를 이용해 알끈을 제거해요. 여기에 **1**의 재료를 넣고 고루 섞어요. 소금과 참기름으로 간을 맞춰요. 참기름을 넣으면 달걀 비린내를 잡아줘요.

3 팬에 포도씨유를 조금 두르고 중불에서 **2**의 달걀을 부은 뒤 달걀이 살짝 익으면 끝부터 말아요. 2개의 달걀말이를 만들 수 있는 양이므로 달걀을 2번에 나눠 부어요.

4 뜨거운 달걀말이를 김발로 말아 모양을 잡은 채로 한 김 식혀요.

달걀말이 김밥

5 김발을 펴고 슬라이스 햄, 달걀말이를 위 사진처럼 올려 돌돌 말아요.

6 김발을 놓고 소금, 참기름으로 양념한 밥을 김 위에 고루 펴요. 김을 뒤집어 **5**의 달걀말이를 올려 단단하게 말아요.

7 5~6과 같은 방법으로 밥, 김, 깻잎, 달걀말이 순으로 꼼꼼하게 말아서 한입 크기로 썰어요.

초간단
김치볶음밥의
색다른 모습! 김치볶음
햄꼬치밥

익은 김치만 있으면 누구나 쉽게 만들 수 있는 김치볶음밥.
문어 모양으로 만든 햄을 꽂아 색다르게 즐겨보세요.

요리조리 Tip

기호에 따라 날치알, 참치, 양파, 베이컨, 당근 등을 다져 넣어도 좋아요. 케첩 대신 굴소스를 넣으면 좀 더 색다른 맛을 즐길 수 있어요.

김치볶음밥

1 달군 팬에 버터를 녹인 다음 다진 김치를 넣고 중불에서 볶아요.

2 김치가 볶이면 밥과 케첩을 넣고 고루 섞으면서 볶아 김치볶음밥을 완성해요. 그런 다음 한 김 식혀요.

3 랩을 이용해 한입 크기로 동그랗게 모양을 잡아요.

4 짤주머니에 마요네즈와 케첩(장식용)을 각각 넣고, 동그랗게 뭉친 밥 위에 사진처럼 마요네즈와 케첩을 짜요.

문어 모양 햄

5 위 사진처럼 소시지 중간 부분까지만 4번 정도 칼집을 내 문어 다리를 만들어요.

6 끓는 물에 칼집 낸 소시지를 데치면 문어 모양이 돼요.

7 빨대로 뽁뽁 찍은 치즈를 소시지에 붙여 눈을 만들어요. 이때 치즈에 마요네즈를 살짝 묻히면 아주 잘 붙어요. 치즈 위에 검은깨를 하나씩 붙여 마무리해요.

8 문어의 윗부분부터 꼬치로 꽂은 다음 주먹밥을 콕 찍으면 김치볶음 햄꼬치밥 완성이에요.

참치 김밥의
업그레이드 버전

참치롤

김밥의 스테디셀러 참치 김밥!
이제는 롤로 즐겨요.
통조림참치만 있으면 간단하게 만들 수 있어요.
배합초로 맛을 낸 밥으로
참치를 꽁꽁 말아서 롤을 완성해요.

🍴 재료

2인

양파	1/2개(50g)
소금	1/2작은술
통조림참치	1개
깻잎	12장
밥	2½공기
김	2장
허니머스터드	조금

참치 양념

마요네즈	1½큰술
후춧가루	1/4작은술

배합조

식초	6큰술
설탕	4큰술
소금	2작은술

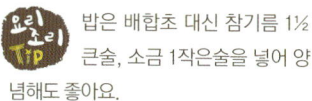

요리 Tip 밥은 배합초 대신 참기름 1½큰술, 소금 1작은술을 넣어 양념해도 좋아요.

참치 양념

1 양파는 잘게 다져서 소금을 살짝 뿌린 뒤 체를 이용해 물에 여러 번 헹궈 매운맛을 제거해요.

2 참치와 **1**의 양파를 볼에 담고 참치 양념 재료를 넣고 고루 버무려요.

배합초

3 냄비에 식초를 먼저 넣고 살짝 끓기 시작하면 설탕, 소금을 넣고 녹을 때까지 끓여요.

참치롤

4 고슬고슬한 밥에 **3**의 배합초를 조금씩 부어가며 주걱으로 자르듯 고루고루 섞어요.

5 김 1/2장에 밥을 고루 편 다음 김을 뒤집어요. 그 위에 깻잎을 놓고 참치를 올려 돌돌 말아요.

도시락에 담기

6 완성한 참치롤을 한입 크기로 잘라 도시락에 담고 그 위에 허니머스터드를 뿌려요.

029

다이어트할 때 딱!

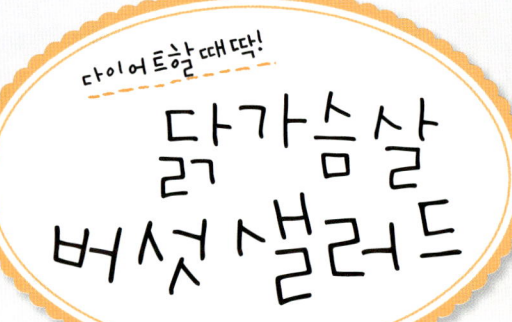

닭가슴살 버섯샐러드

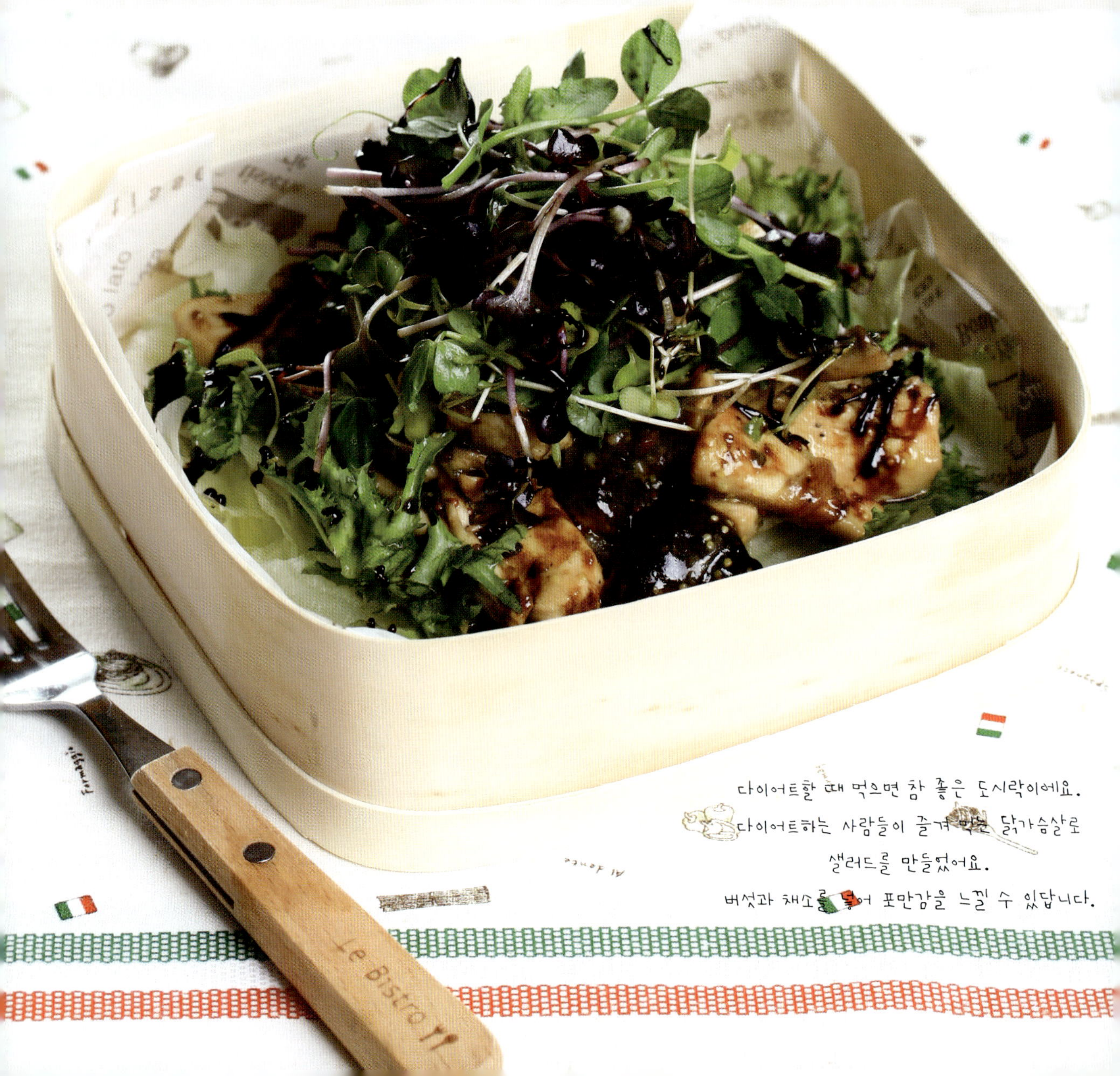

다이어트할 때 먹으면 참 좋은 도시락이에요.
다이어트하는 사람들이 즐겨 먹는 닭가슴살로
샐러드를 만들었어요.
버섯과 채소를 넣어 포만감을 느낄 수 있답니다.

요리 조리 Tip

• **발사믹 리덕션 만드는 법1**

재료 | 발사믹식초 1컵,
　　　 꿀(생략 가능) 1작은술

① 발사믹식초를 냄비나 팬에 담고 끓여서 양이 1/2 정도로 줄 때까지 졸여요.
② 졸인 식초에 꿀을 넣어 약간 걸쭉하게 만들어요.

• **발사믹 리덕션 만드는 법2**

재료 | 발사믹식초 1컵, 레드와인 1컵

발사믹식초와 레드와인을 냄비에 담고 양이 1/3 또는 1/2 정도로 줄 때까지 졸여요. 약간 단맛이 나는 레드와인이 있다면 한번 만들어보세요.

닭가슴살버섯 볶음

1 느타리는 가닥가닥 떼어내고 표고와 양송이는 한입 크기로 썰어요.

2 골파는 채를 썰어 놓아요. 골파 대신 적양파나 양파를 이용해도 좋아요.

3 닭가슴살도 다른 재료와 비슷한 크기로 썬 다음 밑간 양념 재료를 넣고 고루 버무려 5~10분 정도 재워 놓아요.

4 달군 팬에 올리브오일을 조금 두른 뒤 골파를 넣고 1분 정도 볶다가 양념한 닭가슴살을 넣고 볶아요.

5 닭가슴살이 익으면 버섯을 넣어요. 버섯이 숨 죽으면 불을 끄고 디종머스터드, 홀그레인머스터드, 꿀을 넣고 가볍게 버무려요.

채소 손질

6 치커리, 양상추, 아이순은 흐르는 물에 깨끗이 씻은 뒤 양상추와 치커리는 한입 크기로 썰어요.

도시락에 담기

7 채소 위에 닭가슴살버섯볶음과 아이순을 얹고 입맛에 따라 발사믹 리덕션을 조금 뿌려요.

굴소스의 맛이
그대로~ **중국식
새우볶음밥**

볶음밥은 찬밥과 남은 채소를
손쉽게 해결할 수 있는 좋은 메뉴랍니다.
조금 색다르게 굴소스를 넣어
중국식 새우볶음밥을 만들어요.

재료

[2인]

새우볶음밥

당근	1/4개(40g)
표고버섯	4개(40g)
실파	5뿌리
중하	12마리
밥	2공기
달걀	2개
소금	1/3작은술
포도씨유	1/2큰술

밥 양념

굴소스	1삭은술
소금	1/3~1/2작은술
참기름	1작은술
후춧가루	조금

 중하가 없으면 칵테일새우, 굴소스가 없으면 간장으로 대신해도 좋아요.

1 당근, 표고, 실파는 깨끗하게 손질한 뒤 잘게 썰어요.

2 중하는 머리를 떼어내요. 끓는 물에 소금을 조금 넣고 새우를 데친 다음 찬물에 담가 껍질을 벗겨요.

3 달걀을 넣고 멍울 없이 풀어요. 기호에 따라 소금으로 간해요.

4 달군 팬에 포도씨유를 두르고 달걀을 부어 젓가락으로 휘저으면서 익힌 다음 접시에 담아요.

5 포도씨유를 두른 팬에 당근, 표고버섯을 넣고 먼저 볶다가 밥과 밥 양념 재료를 넣고 고루 섞으면서 볶아요.

6 5의 내용물에 중하, 스크램블 에그, 실파를 넣고 고루 섞어 살짝 볶으면 완성이에요.

밤조림
주먹밥

단풍놀이 갈 때 만들기 쉬우면서
가을 단풍에 어울리는 주먹밥을 소개할게요.
밤을 조려 주먹밥 속에 넣은 다음
밤 모양으로 만들면 맛있고 간편한
주먹밥 완성이에요.

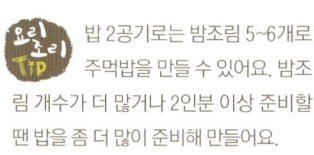

재료

2~3인

밤	20개
감자	2개(300g)
밥	2공기
통깨	적당량
식용유	적당량

밤 조림장

물	1컵
간장	2~3큰술
설탕	2큰술
물엿	2큰술
참기름	1직은술

밥 양념

소금	1/2~1작은술
참기름	1큰술

요리조리 Tip 밥 2공기로는 밤조림 5~6개로 주먹밥을 만들 수 있어요. 밤조림 개수가 더 많거나 2인분 이상 준비할 땐 밥을 좀 더 많이 준비해 만들어요.

밤조림

1 밤은 껍질을 깐 뒤 갈색으로 변하지 않도록 찬물에 담가 놓아요.

2 밤과 밤 조림장의 재료를 모두 냄비에 담고 중불로 끓여요.

3 조림장이 바글바글 끓기 시작하면 약불로 줄여 주걱으로 조림장을 밤에 고루 끼얹으며 조려요.

감자채

4 감자는 깨끗하게 손질한 뒤 채칼로 얇게 채 쳐요.

5 둥근 체망에 채 썬 감자를 조금씩 나눠 넣고 180도 식용유에 튀겨 둥근 바구니 모양처럼 만들어요.

밥양념

6 따뜻한 밥에 밥 양념 재료를 넣고 조물조물 버무려 고루 간해요.

모양내기

7 한주먹 크기로 밥을 쥐어요. 밥 가운데에 밤조림을 넣고 감싼 다음 알밤 모양으로 만들어요. 사진처럼 둥근 부분에 깨를 묻혀 완성해요.

고소하고~새콤하고~

충무김밥

고소한 김밥과 매콤한 오징어 무침,
무 무침의 조화. 통영의 별미인 충무김밥을
집에서도 맛있게 요리해요.
만드는 방법도 의외로 간단해요.

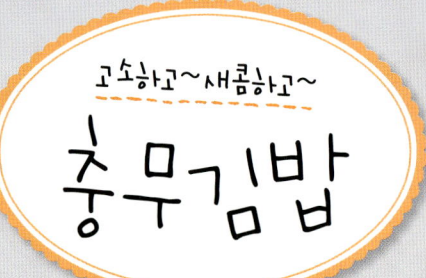

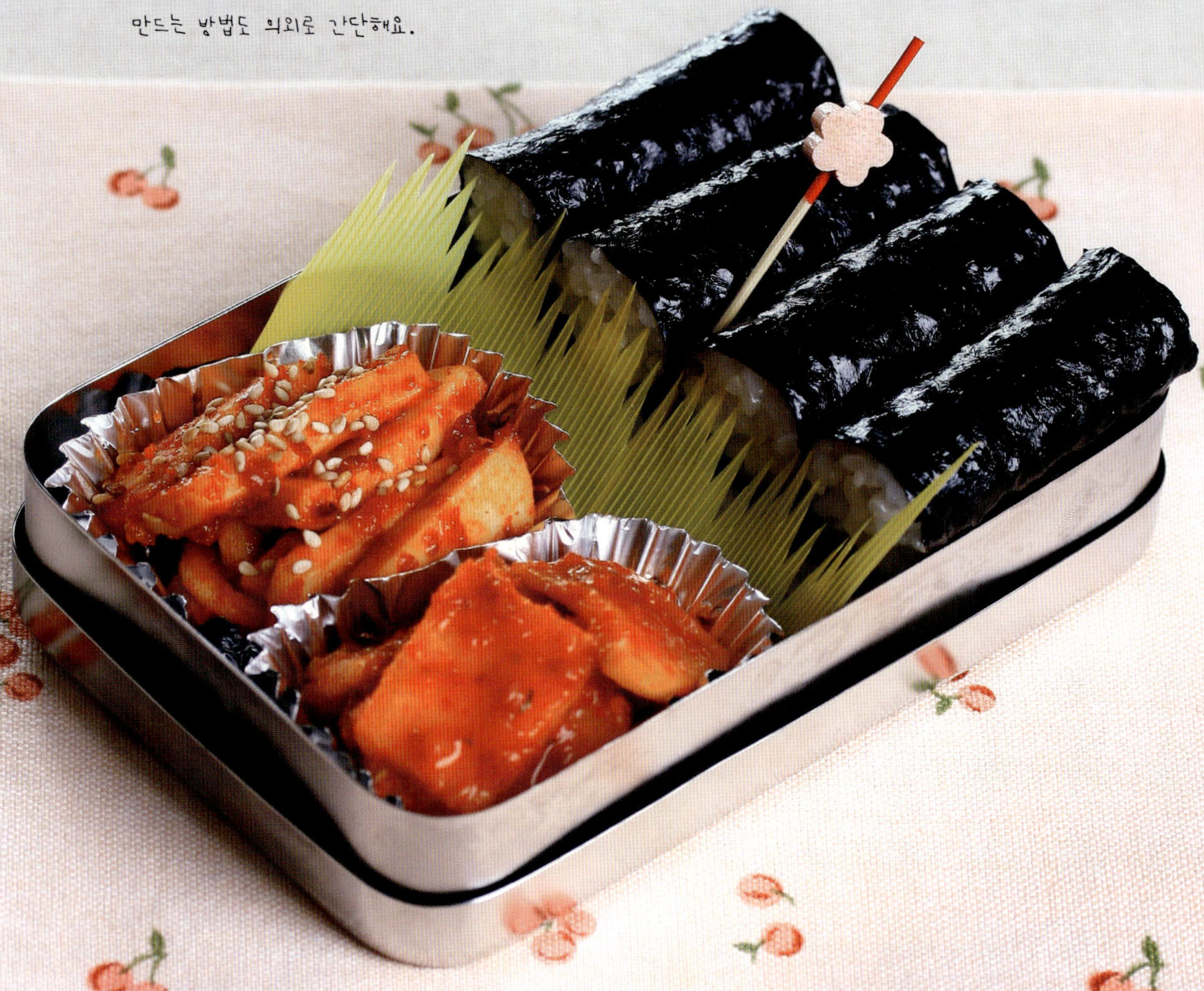

재료 🍴

2인

무	1/3개(400g)
오징어	2마리
청주 또는 맛술	1큰술
밥	2공기
김	3장
참기름	조금

밑간 양념

소금	1큰술
설탕	1큰술
식초	1큰술

무 무침 양념

고춧가루	2큰술
설탕	1큰술
멸치액젓	1작은술
다진 마늘	1큰술
다진 파	1큰술

오징어 무침 양념

고춧가루	1½~2큰술
설탕	1큰술
다진 마늘	2/3큰술
다진 파	1큰술
맛술	1큰술
참기름	1큰술
통깨	조금

밥 양념

소금	적당량
참기름	1큰술

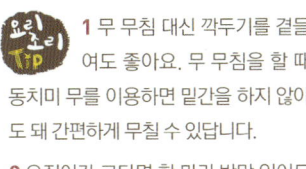

요리 조리 Tip

1 무 무침 대신 깍두기를 곁들여도 좋아요. 무 무침을 할 때 동치미 무를 이용하면 밑간을 하지 않아도 돼 간편하게 무칠 수 있답니다.

2 오징어가 크다면 한 마리 반만 있어도 충분해요.

무 무침

1 무는 한입 크기로 나박썰기한 뒤 밑간 양념 재료를 넣고 버무려요. 1시간 정도 절이고 손으로 살짝 짜 물기를 빼요.

오징어 무침

3 껍질을 벗긴 오징어는 끓는 물에 청주 또는 맛술을 넣고 살짝 데쳐요. 오래 데치면 오징어가 질겨지니 주의하세요.

5 오징어와 오징어 무침 양념 재료를 볼에 모두 담고 고루 무쳐요.

2 1의 무와 무 무침 양념 재료를 모두 넣어 고루 버무려요.

4 오징어는 몸통, 다리로 나눠 각각 적당한 크기로 썰어요.

김밥

6 밥에 밥 양념 재료를 넣고 고루 섞어요. 1/2로 나눈 김에 양념한 밥을 올려서 돌돌 말아요.

7 완성한 김밥 위에 참기름을 살짝 바른 뒤 3~4등분으로 잘라요.

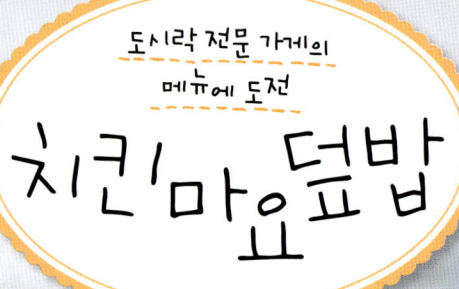

도시락 전문 가게의
메뉴에 도전

치킨마요덮밥

요즘은 도시락 전문 가게가 많이 생겼어요.
메뉴 또한 셀 수 없이 많죠.
그중에서 인기 있는 치킨마요덮밥!
집에서도 쉽게 만들 수 있으니 한번 도전해보세요.

요리조리 Tip

1 닭고기를 양념해 튀기기 번거롭다면 먹다 남은 프라이드 치킨이나 패스트푸드점에서 구입한 치킨텐더를 이용해 치킨마요덮밥을 만들어요.

2 치킨 대신 새우튀김, 생선커틀릿 등을 올려 덮밥을 만들어도 맛있어요.

3 기호에 따라 닭고기 부위를 닭가슴살, 닭다리살을 이용해도 맛있어요.

달걀지단

1 달걀을 볼에 넣고 소금으로 간해 거품기로 풀어줘요. 그런 다음 체에 한 번 걸러 알끈을 제거해요.

2 달군 팬에 포도씨유를 살짝 두른 후 달걀을 부쳐 한 김 식혀요. 2장을 부쳐 1장씩 돌돌 만 다음 가늘게 채 썰어요.

데리야키소스

3 냄비에 물 1컵과 다시마를 넣고 끓으면 다시마를 건져요. 가쓰오부시를 넣고 불을 꺼요. 5분 정도 우러나게 둔 다음 건더기를 체로 건져요.

4 데리야키소스 재료를 모두 팬에 넣고 살짝 걸쭉해질 정도로 끓여요.

닭고기튀김

5 닭고기는 한입 크기로 잘라 소금, 후춧가루, 청주로 양념을 해요.

6 **5**의 닭고기에 밀가루, 달걀 푼 것, 빵가루를 순서대로 묻혀 튀김옷을 입혀요.

7 180도로 예열한 식용유에 **6**의 닭고기를 넣어 노릇하게 튀겨내요. 튀긴 닭고기를 종이타월 위에 올려 기름을 빼요.

도시락에담기

8 도시락에 밥을 담고 데리야키소스, 지단, 치킨 순서대로 올려요. 치킨 위에 마요네즈를 뿌리고 김가루를 뿌리면 완성이에요.

바삭함과 부드러움을 즐겨요

새우튀김
오므라이스

부드러운 달걀로 밥을 감싼 오므라이스!
바삭바삭한 새우튀김을 곁들여 도시락을 싸요.
바삭함과 부드러움이 조화를 이룬
그 맛으로 행복한 점심시간을 보낼 수 있어요.

재료

2인

중하	10마리
소금	조금
식용유	2컵

오므라이스

당근	1/3개(50g)
양파	1/2개(78g)
애호박	1/4개(90g)
슬라이스햄	6장
달걀	4~5개
소금	1/3작은술
후춧가루	1/3작은술
포도씨유	1큰술
밥	1½공기
마요네즈	조금
토마토케첩	조금

튀김옷

밀가루	2큰술
달걀 푼 것	1개분
빵가루	1컵

새우튀김

1 위 사진처럼 새우의 두 번째 마디 부분에 꼬치를 꽂아 내장을 제거해요.

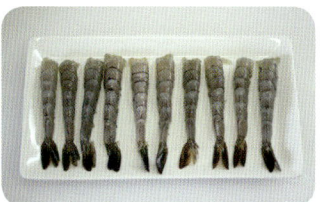

2 새우 배 부분에 칼집을 넣어서 소금을 조금 뿌려요.

3 2의 새우에 밀가루, 달걀, 빵가루 순으로 튀김옷을 입혀요.

4 예열한 식용유에 새우를 넣고 노릇하게 튀겨요.

오므라이스

5 당근, 양파, 애호박, 햄을 잘게 썰어 놓아요.

6 달걀을 볼에 담아 체에 걸러 알끈을 제거하고 소금을 넣고 고루 섞어줘요.

7 포도씨유를 두른 팬에 5의 재료를 모두 담고 소금, 후춧가루를 조금 넣고 고루 볶다가 채소가 설익으면 밥을 넣고 달달 볶아요. 이때, 입맛에 맞게 소금으로 간을 해도 좋아요.

8 다른 팬에 포도씨유를 살짝 두르고 달걀을 반만 부어 넓게 부쳐요. 달걀이 살짝 익으면 7의 밥을 반만 올린 뒤 달걀로 감싸요. 같은 방법으로 오므라이스를 하나 더 만들어요.

도시락에 담기

9 도시락에 완성한 오므라이스를 담고 그 위에 마요네즈, 케첩을 뿌려요. 새우튀김을 곁들여 담아요.

봄나물을
즐기는 별미! 봄나물
월남쌈

입맛 없는 봄에는 봄나물을
조물조물 무쳐 먹으면
밥 한 그릇은 뚝딱 먹을 수 있죠.
월남쌈으로 만들어 봄나물을 즐겨요.
봄에 먹으면 좋은 별미랍니다.

재료

2인

재료	양
참나물	30g
달래	25g
냉이	25g
새싹채소	25g
맛살	4개
라이스페이퍼	8장
소금	1작은술
스위트칠리소스	적당량

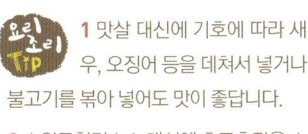

요리조리 Tip

1 맛살 대신에 기호에 따라 새우, 오징어 등을 데쳐서 넣거나 불고기를 볶아 넣어도 맛이 좋답니다.

2 스위트칠리소스 대신에 초고추장을 소스로 곁들여도 좋아요.

3 초고추장 만드는 법
재료 | 고추장 3큰술, 식초 3큰술, 설탕 1큰술, 물엿 1~2큰술, 다진 마늘 1작은술, 참기름 1작은술, 통깨 1/2큰술
깨끗한 볼에 재료를 모두 넣고 고루 섞어요. 설탕과 물엿의 양을 줄이고 사이다 또는 매실청을 넣어도 좋아요. 기호에 따라 식초 양을 조절해요.

1 참나물, 달래, 냉이, 새싹채소는 흐르는 물에 깨끗이 씻어요. 끓는 물에 소금을 넣고 냉이를 살짝 데친 다음 찬물에 헹궈 물기를 짜요. 맛살은 길게 반으로 찢어 준비해요.

2 뜨거운 물에 라이스페이퍼를 살짝 담가 부드러워지면 꺼내요. 깨끗한 접시에 라이스페이퍼를 펴고 **1**의 재료를 올려요.

3 라이스페이퍼가 풀리지 않도록 꼼꼼하게 말아요.

4 먹기 좋게 반으로 잘라 스위트칠리소스와 함께 도시락에 담아내요.

연어구이 덮밥

따라 하기 쉬워요~

덮밥 요리는 밥 위에 얹는 재료를 손질하고
따로 요리를 해야 해서 어렵게 느낄 수 있어요.
요리 초보도 할 수 있는 덮밥을 소개할게요.
연어만 구워서 밥 위에 얹으면
덮밥 완성이에요.

재료

2인

연어	2조각
화이트와인	2큰술
허브솔트	1/3작은술
올리브유	2큰술
밥	2공기
미니채소	12장

소스

다진 양파	1큰술
다진 피클	1큰술
마요네즈	2½큰술
파슬리가루	1작은술

소스

1 볼에 소스 재료를 모두 담아요.

2 소스의 재료가 골고루 섞이도록 저어요.

연어 구이

3 연어에 화이트와인과 허브솔트를 고루 뿌려 밑간해요.

4 올리브유를 두른 팬에 밑간 한 연어를 올리고 앞뒤로 잘 구워내요.

도시락에 담기

5 도시락에 밥을 담고 미니채소를 깐 뒤 **4**의 연어구이를 올려요. 그 위에 완성한 소스를 뿌려요.

소금은 넣지 마세요!

명란젓롤

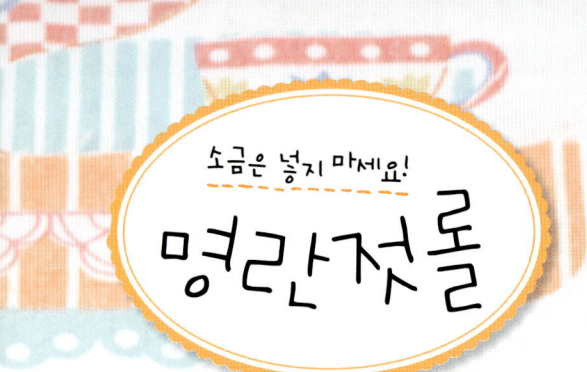

롤이나 김밥은 소금으로 밥의 간을
알맞게 맞추는 것이 관건이에요.
하지만 명란젓롤은 간을 맞출 필요가 없어요.
명란젓만 넣고 돌돌 말아주면
짭조름하니 맛 좋은 롤이 돼요.

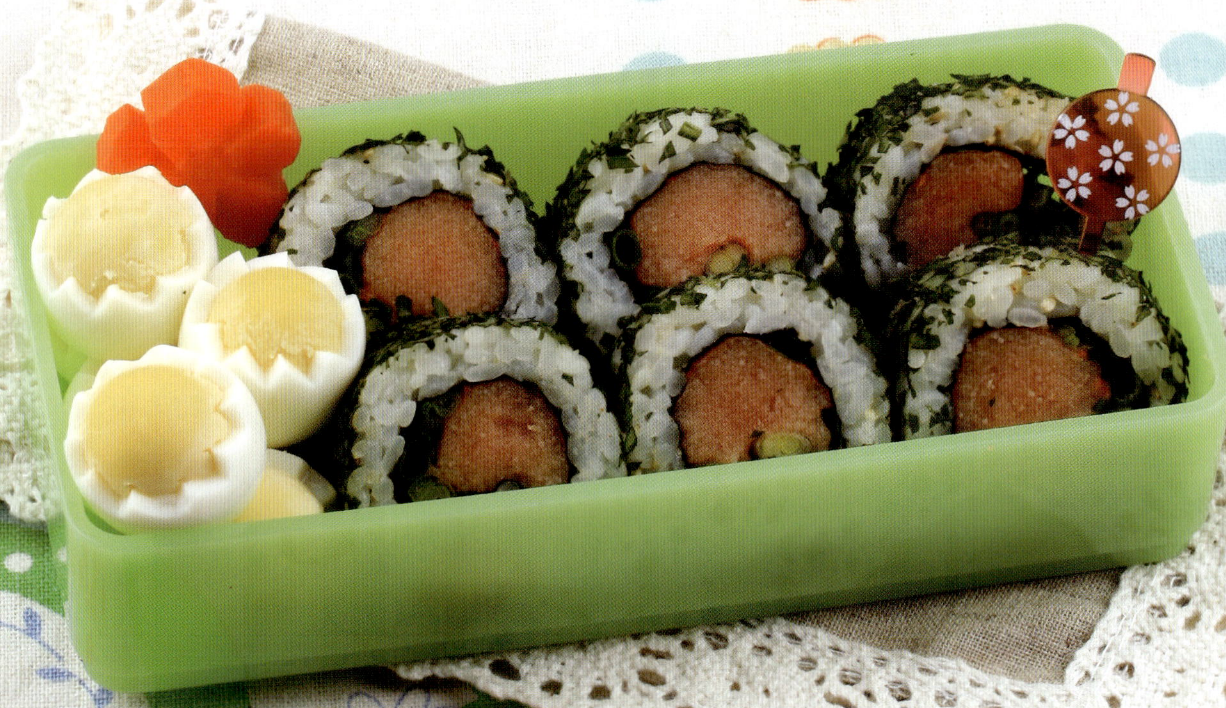

재료

2인

밥	1½공기
참기름	1큰술
통깨	1큰술
김	1장
실파	6뿌리
명란젓	2개
깻잎	6장

요리조리 Tip

메추리알 모양내기

1 껍질을 깐 삶은 메추리알에 흰자에만 V자로 칼집을 돌려가며 내줘요.
2 칼집을 넣은 후 윗부분의 흰자만 살짝 밀어내듯 벗겨내요.

1 볼에 따뜻한 밥을 담고 참기름, 통깨를 넣어 골고루 섞어요. 명란젓을 넣기 때문에 소금으로 간을 하지 않아도 돼요.

2 김발 위에 랩을 깔고 1/2로 나눈 김을 놓아요. 밥을 올려 얇게 펴요.

3 밥을 올린 김을 뒤집은 다음 실파, 명란젓을 넣고 풀어지지 않게 말아요. 남은 김 1/2장도 같은 방법으로 롤을 만들어요.

4 깻잎을 잘게 다진 뒤 평평한 그릇에 담고 **3**의 롤을 굴려 깻잎을 꼼꼼하게 묻혀요.

5 먹기 좋게 한입 크기로 썰어서 도시락에 담으면 완성이에요.

베이컨, 양상추, 토마토의 조화 B.L.T 샌드위치

베이컨(bacon), 양상추(lettuce), 토마토(tomato)를
넣어서 만든 B.L.T샌드위치예요.
재료도 구하기 쉽고 만들기도 쉬워서
바쁜 사람들도 만들 수 있는 도시락 메뉴랍니다.

재료

2인

식빵	3쪽
양상추	4장
베이컨	4장
토마토	1개(150g)
소금	1/3작은술
마요네즈	1~1½큰술

토스트

1 팬에 기름을 두르지 않고 빵을 앞뒤로 노릇노릇하게 구워요.

2 다 구워진 빵은 눅눅해지지 않도록 위 사진처럼 세워 놓아요.

채소 손질&베이컨 굽기

3 토마토는 0.5cm 두께로 썬 뒤 소금을 살짝 뿌려요. 간이 배면 씨를 제거하고 종이타월로 물기를 빼요. 양상추는 흐르는 물에 깨끗하게 씻어 준비해요.

4 달군 팬에 베이컨을 앞뒤로 구운 후 종이타월로 기름을 빼요.

샌드위치

5 구운 빵에 마요네즈를 살짝 고루 발라요. 마요네즈 대신에 기호에 따라 머스터드, 버터 등을 발라도 돼요.

6 5의 빵 위에 양상추, 토마토, 빵, 양상추, 베이컨, 빵을 순서대로 올려요.

7 빵 모서리 네 군데를 이쑤시개로 고정한 다음 빵의 딱딱한 가장자리를 잘라요. 이쑤시개를 뺀 뒤 먹기 좋은 크기로 썰어요.

도시락에 담기

8 썰어 놓은 샌드위치를 도시락에 가지런히 담아요.

점심 도시락의 단골 메뉴

삼각김밥
×삼각 메추리알

간단하게 점심을 해결하고 싶을 때 자주 찾는 삼각김밥.
편의점에서 파는 것도 좋지만 직접 만들어 먹어요.
메추리알도 삼각형으로 만들어
삼각김밥과 함께 담으면 더욱 좋아요.

요리 Tip 메추리알 껍질을 벗길 때 약간 뜨거운 물에 담가야 메추리알의 껍질이 잘 벗겨지고, 삼각형으로 잘 만들어져요.

삼각메추리알

1 메추리알을 8~10분가량 삶은 뒤 뜨거운 물을 반쯤 버리고 찬물을 부어요. 손을 담갔을 때 약간 뜨거운 정도면 돼요.

2 껍질을 벗긴 다음 랩으로 감싸요. 엄지로 메추리알을 수직으로 눌러 약간 납작해지면 바로 삼각형으로 모양을 잡아요.

3 김을 가로 1cm, 세로 4.5~5cm로 잘라서 위 사진처럼 메추리알에 감싸듯 붙여요.

치즈김말이

4 김을 치즈 크기보다 가로로 1cm 정도 길게 자른 다음 김 위에 치즈를 얹어요. 김과 치즈가 겹쳐진 부분부터 돌돌 말고 남은 김 부분에 물을 살짝 묻혀 붙여요.

5 완성한 치즈김말이를 6등분으로 자른 뒤 예쁜 꼬치에 2개씩 꽂으면 완성이에요.

삼각김밥

6 준비한 밥에 후리카케와 참기름을 넣고 고루 버무려요. 비닐장갑을 낀 손으로 주먹만큼 밥을 쥐고 삼각형을 만들어요.

7 직사각형으로 자른 김으로 삼각형의 밥을 감싸 삼각김밥을 완성해요.

불고기와 밥을 동시에~

불고기 쌈밥

불고기 쌈밥은 불고기와 밥을
동시에 먹을 수 있는 메뉴예요.
한입 크기의 쌈밥이기 때문에 넉넉하게 싸서
여럿이 모여 이야기를 나누며 먹어요.

재료

2인

불고기용 소고기	250g
밥	2공기
로메인상추	16장
고추장	1큰술

불고기 양념

진간장	3~4큰술
설탕	1~1½큰술
다진 파	2큰술
다진 마늘	2큰술
맛술	2큰술
참기름	1큰술
물엿	1큰술
깨소금	1/2작은술
후춧가루	1/2작은술

요리 Tip 가열하지 않은 팬에 고기를 담고 볶으면 볶는 시간이 오래 걸리고 물기가 많이 생기며 고기가 질겨져요. 고기를 굽기 전에 팬을 달군 다음 센불에서 빨리 익혀야 부드럽고 맛있답니다.

1 소고기는 종이타월로 눌러 핏물을 살짝 제거하고, 볼에 불고기 양념 재료를 모두 넣고 고루 섞어 양념장을 만들어요.

2 핏물을 제거한 소고기에 양념장을 부어 고루 버무린 다음 1시간가량 냉장고에 넣어 양념이 잘 배도록 재워 놓아요.

3 기름을 두르지 않은 팬을 센불에 예열한 후 불고기를 담고 고기가 타지 않게 고루 저으면서 재빨리 볶아요.

4 밥을 동그랗게 뭉친 다음 로메인상추로 하나씩 감싸 도시락에 담아요.

5 쌈마다 밥 위에 불고기를 한 숟가락가량 올리고 고추장을 조금씩 얹어요.

매콤한
초밥의 유혹 **스파이시
새우오이초밥**

새우와 오이로 초밥을 만들어요.
그 위에 매콤한 초고추장을 올려 입맛 사로잡는 초밥이 탄생했어요.
소스의 매콤향과 새우, 오이의 씹는 맛이 자꾸 먹고 싶게 만들어요.

재료

2인

재료	분량
미나리	16줄기
소금	1작은술
칵테일새우	16마리
오이	1개(200g)
밥	2½공기
검은깨	1큰술
초고추장	1큰술

배합초

재료	분량
식초	6큰술
설탕	4큰술
소금	2작은술

 요리 Tip

1 초고추장 대신 겨자장, 핫소스, 칠리소스 등을 곁들여도 좋아요.

2 겨자장 만드는 법

재료 ┃ 연겨자 1큰술, 식초 1큰술, 설탕 1⅓큰술, 소금 1/3작은술, 간장 1/2작은술
깨끗한 볼에 재료를 모두 넣고 고루 섞어요. 기호에 따라 배즙 또는 레몬즙을 넣어 만들어도 좋아요.

재료 손질

1 미나리 잎을 정리하고 흐르는 물에 씻어요. 끓는 물에 소금을 넣고 살짝 데쳐서 물기를 꼭 짜요.

2 칵테일새우를 끓는 물에 살짝 데친 다음 꼬리 가운데 뾰족한 부분을 떼어내요.

3 필러(감자깎이)로 오이를 길고 얇게 저민 다음 종이타월로 물기를 살짝 제거해요.

배합초

4 냄비에 배합초의 재료를 모두 넣고 설탕과 소금이 녹을 때까지 끓여요.

초밥

5 고슬고슬한 밥에 배합초와 검은깨를 넣고 고루 섞어요. 밥을 한입 크기의 타원형으로 둥글게 빚어요.

6 3의 오이를 반으로 잘라서 밥을 말고 새우를 얹어요. 미나리로 묶어 고정한 다음 초고추장을 조금 뿌려요.

가볍게 즐기는 한 끼

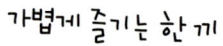

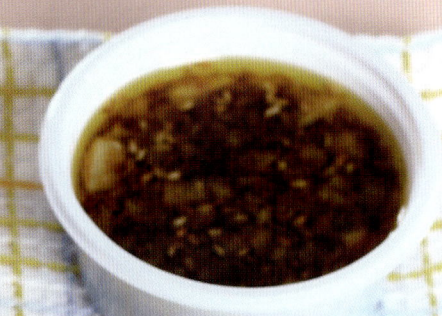

두부 샐러드

가끔은 가볍게 점심 한 끼를
해결하고 싶을 때가 있지요.
두부 샐러드를 준비해서 산뜻하게 즐겨요.
두부의 담백함과 싱싱한 채소의 아삭함이
기분까지 산뜻하게 만들어줘요.

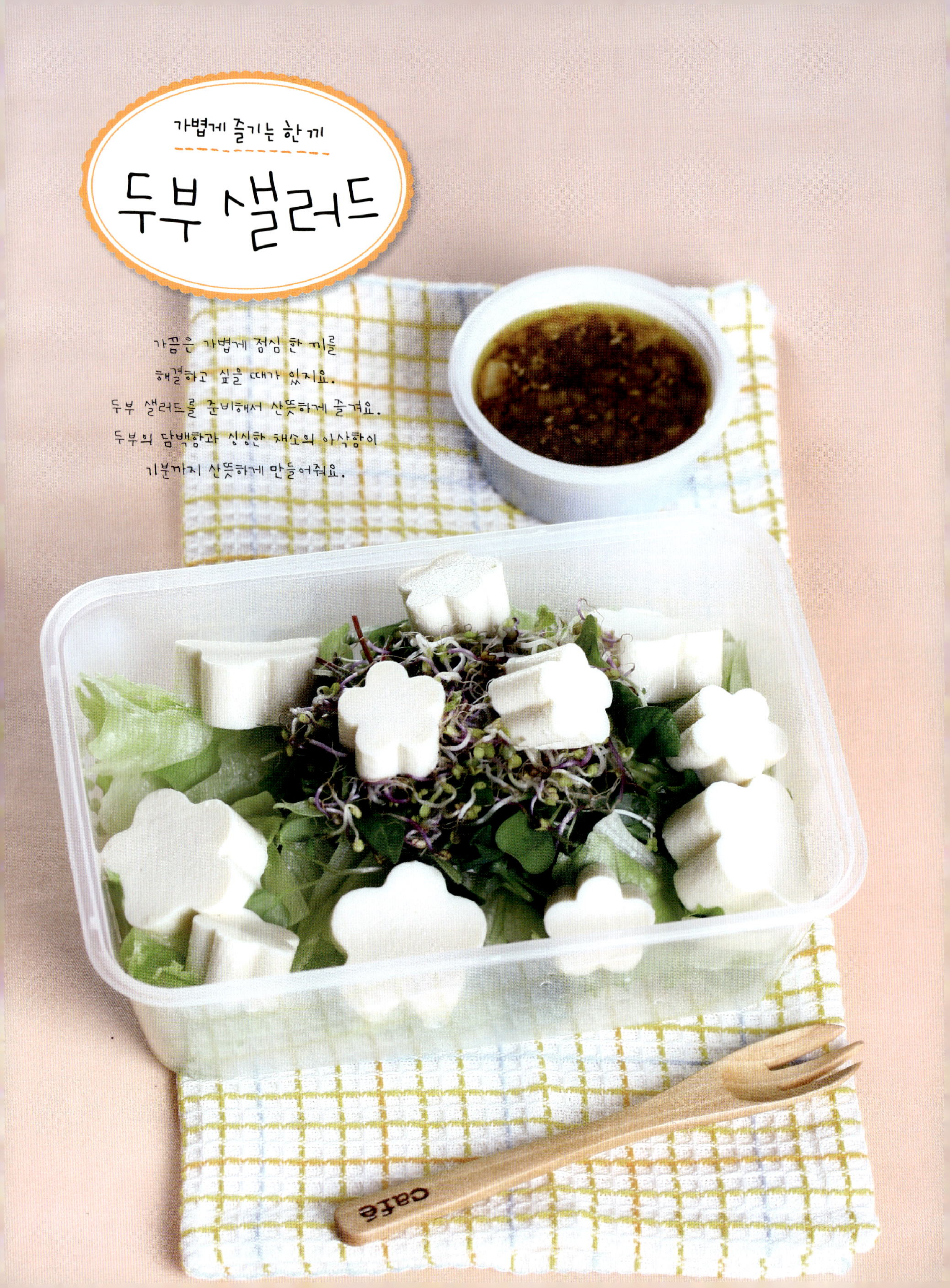

채소 손질

1 양상추를 한입 크기로 찢어서 얼음물에 담가 두어요.

2 씻은 비타민 채소와 새싹채소도 얼음물에 살짝 담가 놓아요.

두부 모양 내기

3 두부를 1cm 두께로 자른 다음 모양틀로 찍어내요.

드레싱

4 준비한 드레싱 재료를 볼에 모두 담고 고루 섞어요.

도시락에 담기

5 도시락에 채소와 두부를 모두 담고 완성한 드레싱을 곁들여요.

햄보다 돈가스! 돈가스 초밥롤

모양은 누드김밥을 닮았지만
자세히 보면 햄이 아닌
바삭하게 튀긴 돈가스를 만날 수 있어요.
한입 먹으면 새콤한 밥맛에
김밥이 아닌 초밥이라는 것도 알 수 있죠.

채소 손질

1 오이는 돌려깎기한 다음 채를 썰고, 양배추도 비슷한 길이로 얇게 채썰어 준비해요.

달걀말이

2 달걀에 소금, 참기름을 넣은 뒤 풀고 체에 한 번 걸러 알끈을 제거해요. 포도씨유를 두른 팬에 달걀을 부은 다음 말아요.

3 완성한 달걀말이를 한 김 식힌 다음 가로로 길게 6줄로 썰어요.

돈가스

4 돈가스용 돼지고기를 1.5cm 두께로 길게 자른 뒤 밑간 양념으로 간을 해 재어 놓아요.

5 밀가루, 달걀, 빵가루 순으로 돼지고기에 튀김옷을 입힌 뒤 튀겨내요. 종이타월을 이용해 기름을 제거해요.

초밥

6 냄비에 배합초 재료를 담고 끓여요. 밥에 배합초를 조금씩 부어 주걱으로 자르듯 섞어요. 부채질을 하면서 한 김 식혀야 밥이 꼬들꼬들해요.

돈가스 초밥롤

7 김의 윗부분을 4cm가량 잘라내요. 랩으로 감싼 김발 위에 자른 김을 놓고 밥을 고루 펴요.

8 7의 김을 뒤집어 오이, 양배추, 달걀말이, 돈가스를 올리고 꼼꼼하게 말아요. 김은 1장을 쓰거나 1/2장만 써도 좋아요.

9 롤에 검은깨, 통깨를 고루 뿌리고 한입 크기로 잘라요. 도시락에 담고 원하는 만큼 돈가스 소스를 뿌려 완성해요.

눈이 즐거운 도시락

삼색덮밥

삼색덮밥 도시락은 뚜껑을 열면
노란색, 주황색, 갈색이 조화를 이뤄 눈이 즐거워요.
눈과 입을 만족시키는 도시락이에요.

재료

소고기	130g
달걀	2개
당근	2/3개(95g)
밥	2공기
상추	2장
데친 새우	8개
데친 비엔나소시지	10개
포도씨유	1큰술
소금	1/4큰술

고기 양념

간장	1큰술
설탕	1/2큰술
다진 마늘	1작은술
맛술	1/2큰술
후춧가루	조금
참기름	1작은술

요리 요리 Tip
기호에 따라 구운 연어살, 우엉 조림, 버섯볶음, 햄 등 다양한 재료를 준비해 밥 위에 올려요.

1 종이타월로 소고기를 눌러 핏물을 살짝 제거해요. 소고기와 고기 양념 재료를 볼에 모두 넣고 조물조물 버무린 다음 잠시 재워 놓아요.

2 달걀을 풀고 체에 걸러 알끈을 제거해요.

3 포도씨유를 두른 팬에 달걀을 붓고 재빨리 젓가락으로 휘휘 저어 익혀요.

4 잘게 다진 당근도 포도씨유를 두른 팬에 넣고 소금을 살짝 뿌려 달달 볶아요.

5 1의 소고기는 기름을 두르지 않은 달군 팬에 담고 센불에서 타지 않도록 저으면서 재빨리 볶아요.

6 위 사진처럼 도시락에 상추를 깔고 밥, 데친 새우, 데친 비엔나소시지를 담은 다음 밥 위에 달걀, 당근, 소고기를 가지런히 담아요.

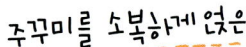

주꾸미를 소복하게 얹은

주꾸미볶음 덮밥
+톳달걀말이

쫄깃한 주꾸미를 고추장 양념에 볶아서 올린 덮밥이에요.
빨간 주꾸미볶음을 보면 입안에 침이 고여
없던 식욕도 생기지요.
함께 담은 톳을 넣은 달걀말이는 씹는 맛이 환상적이에요.

재료

2인

주꾸미	7마리
밀가루	1/2컵
밥	2공기
상추	2장

주꾸미 양념

고추장	1½큰술
고춧가루	1½큰술
설탕	1큰술
물엿	1큰술
맛술	1큰술
다진 마늘	1큰술
간장	1작은술
참기름	1작은술

톳달걀말이

톳	30g
달걀	4개
다진 당근	1/4개(30g)
소금	1/3작은술
참기름	1/2큰술
포도씨유	1~1½큰술

톳달걀말이

1 톳은 깨끗이 씻어 잘게 다져요.

2 달걀을 볼에 넣어 멍울 없이 풀어요. 여기에 톳, 다진 당근, 소금, 참기름을 넣어요.

3 포도씨유를 두른 팬에 **2**의 달걀을 부어요. 달걀이 반쯤 익으면 끝부터 말아요.

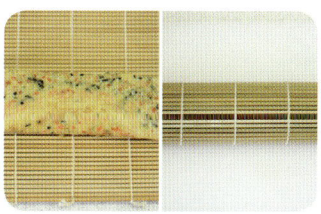

4 달걀말이를 김발로 감싸서 고정해 모양을 잡아요. 한 김 식으면 적당한 크기로 썰어요.

주꾸미 볶음

5 주꾸미는 몸통과 머리로 나눈 뒤 머리 안의 내장과 입, 눈을 제거해요.

6 손질한 주꾸미와 밀가루를 볼에 넣고 1분가량 바락바락 주물러요. 찬물에 헹궈 밀가루를 씻어 낸 다음 체에 밭쳐 물기를 빼요.

7 물기를 뺀 주꾸미와 양념 재료를 깨끗한 볼에 모두 담고 고루 섞은 뒤 잠시 재워 놓아요.

8 달궈진 팬에 양념한 주꾸미를 넣고 중불에서 볶아요. 주꾸미가 살짝 익으면 가위로 한입 크기씩 자른 뒤 좀 더 볶아요. 밥, 상추, 주꾸미, 달걀말이를 도시락에 담아요.

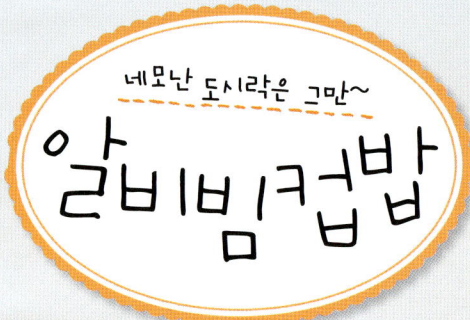

네모난 도시락은 그만~

알비밤컵밥

도시락 하면 네모난 도시락 통을 떠올리죠?
이제 한 손에 들고 먹을 수 있는
테이크아웃 컵에 도시락을 담아요.
날치알과 새우, 각종 채소를 넣은 컵밥으로
센스를 발휘해요.

2인

재료

날치알(2가지 색)	3큰술
레몬즙	1큰술
칵테일새우	8마리
달걀노른자	2개
무순	1줌
포도씨유	1작은술
밥	2공기
배합초(13p 참고)	
식초	6큰술
설탕	3~4큰술
소금	2작은술

요리 TIP

밥에 배합초를 넣고 섞을 때 기호에 따라 우엉조림, 표고버섯조림, 치자단무지, 톳조림, 오이 등을 다져 넣어도 좋아요.

1 준비한 2가지 색의 날치알에 레몬즙을 뿌려요.

2 무순은 찬물에 담가 둬요. 찬물에 담그면 채소의 씹는 맛이 더욱 아삭해져요.

3 달걀노른자를 얇게 펴 부쳐요. 얇게 부친 달걀을 2cm 정도의 길이로 가늘게 채 썰어요.

4 준비한 칵테일새우를 끓는 물에 넣어 살짝 데쳐요.

5 배합초 재료를 냄비에 담고 살짝 끓여요. 끓인 배합초를 뜨거운 밥에 조금씩 나눠 부으면서 고루 섞어요.

6 고루 섞은 밥을 한 김 식힌 다음 빈 용기에 적당하게 나눠 담아요.

7 밥 위에 달걀지단을 고루 깔고 위 사진처럼 날치알을 조금씩 올려요.

8 무순을 고루 깔고 새우를 얹어 도시락을 완성해요.

푸짐하게 즐기는 도시락~

돈가스 덮밥

집에서 만든 도시락은 조미료를 넣지 않아
사 먹는 것보다 속이 편안해 좋아요.
하지만 가끔 도시락만으로는 배가 차지 않을 때도 있죠.
돈가스 덮밥이라면 속도 든든하고
다른 반찬이 필요 없어 좋아요.

재료

2인

양배추	1/10개(60g)
돈가스용 돼지고기	2장
밥	2공기
식용유	2컵
깻잎	1장
시판용 돈가스소스	2~3큰술

밑간 양념

레몬즙 또는 맛술	1큰술
소금	1/4작은술
후춧가루	조금

튀김옷

밀가루	1/2컵
달걀 푼 것	1개분
빵가루	2컵

1 양배추는 얇게 채 썰어요.

2 돼지고기에 준비한 밑간 양념 재료를 뿌려요.

3 돼지고기에 밀가루를 입힌 다음 풀어 놓은 달걀에 적셔요.

4 빵가루를 앞뒤로 고루 묻혀 튀김옷을 입혀요.

5 예열한 180도의 식용유에 바삭하게 돈가스를 튀긴 다음 종이타월에 놓고 기름을 살짝 제거한 뒤 적당한 크기로 썰어요.

6 준비한 도시락에 밥을 담은 뒤 깻잎과 돈가스를 올려요. 입맛에 맞게 소스를 뿌리면 완성이에요. 소스는 따로 용기에 담아도 좋아요.

재료들이 어우러져 더 맛있는 비빔밥 도시락

애호박, 당근, 표고버섯 등
각종 채소와 소고기, 달걀지단을 넣은
비빔밥 도시락이에요.
여러 재료와 볶은 고추장이 어우러져
맛이 풍부해요.

1 애호박은 씨가 많은 가운뎃부분을 빼고 0.3cm 정도 두께로 돌려 깎기해서 얇게 채 썰어요.

2 당근, 표고버섯도 비슷한 길이로 얇게 채 썰어요.

3 소고기도 가늘게 채 썰어요. 채 썬 소고기와 소고기 양념 재료를 볼에 넣고 버무린 뒤 재어 놓아요.

4 달걀은 노른자와 흰자로 분리한 다음 각각 소금으로 간해요. 달걀을 풀어서 얇게 부친 다음 한 김 식혀서 얇게 채 썰어요.

5 포도씨유를 두른 팬에 애호박을 넣고 소금으로 양념한 뒤 중약불에서 볶아요. 당근도 같은 방법으로 볶아요.

6 포도씨유를 약간 두른 팬에 표고버섯과 표고버섯 양념 재료를 모두 넣고 중약불에서 살짝 볶아요.

7 포도씨유를 두르지 않은 팬에 **3**의 소고기를 센불에서 재빨리 볶아요.

8 포도씨유를 약간 두른 팬에 다진 소고기를 넣고 볶다가 고기가 거의 익어갈 때 남은 고추장 볶음 재료를 넣고 타지 않게 약불에서 볶아요.

9 도시락에 밥을 담고 그 위에 재료들을 색깔별로 잘 배열해 담은 뒤 **8**의 고추장 볶음을 얹고 잣을 조금 올려 완성해요.

솜씨를 맘껏 뽐내요!
스페셜 도시락

평범한 도시락은 이제 그만! 사랑을 고백하고 싶을 땐 하트 김밥,
남편의 기를 살리고 싶을 땐 장어 지라시스시,
부모님을 위한 해물영양밥 도시락 등
특별한 날, 특별한 사람들을 위한 도시락 레시피가 가득해요.

베이직한 재료도 OK!

달걀초밥롤

우리가 사 먹는 롤은 모양도 예쁘고 맛도 다양해요.
집에서 만들어 보고 싶어도
왠지 모르게 많은 기술이 필요할 것 같죠?
달걀초밥롤은 맛과 모양은 물론 만들기도 쉬워요.

재료

2인

재료	분량
오이	1개(150g)
맛살	5개
마요네즈	2큰술
설탕	1작은술
밥	2공기
김	2장

달걀말이

재료	분량
달걀	6개
소금	1작은술
맛술	1작은술
설탕	1큰술
포도씨유	1큰술

배합초(13p 참고)

재료	분량
식초	6큰술
설탕	4큰술
소금	2작은술

요리요리 TIP
고추냉이(와사비)를 곁들이면 더 맛있어요. 간장 1큰술, 고추냉이(와사비) 1/2작은술을 골고루 섞으면 돼요. 고추냉이는 기호에 맞게 양을 조절해 넣으세요.

속 재료

1 오이는 가운데 씨 부분을 남기고 돌려깎기를 한 후 채 썰어요.

2 맛살은 잘게 다져서 마요네즈와 설탕을 넣고 고루 섞어요.

달걀말이

3 볼에 달걀을 풀어 알끈을 제거한 다음 소금, 맛술, 설탕을 넣어 간을 해요.

4 포도씨유를 두른 팬에 달걀 푼 것을 부어요. 달걀이 반쯤 익으면 끝 부분부터 꼼꼼하게 말아 달걀말이를 완성해요. 2개분을 만들 수 있어요.

5 김발 위에 뜨거운 달걀말이를 놓고 밀대를 포개요. 위 사진처럼 김발로 달걀말이와 밀대를 함께 말아 달걀말이를 초승달처럼 만들어요.

초밥

6 배합초의 재료를 모두 섞어 배합초를 만들어요. 뜨거운 밥에 만든 배합초를 넣고 고루 버무려요.

7 김의 윗부분을 4cm가량 잘라내요. 자른 김을 랩으로 감싼 김발에 놓고 밥을 골고루 펴요.

8 밥이 붙은 김을 뒤집은 후 속 재료를 올리고 꼼꼼하게 말아요.

9 롤 위에 달걀을 얹은 다음 1.5cm 두께로 잘라 담아요.

패티 대신 굴!
프렌치프라이 대신 오징어!

굴튀김 미니버거
+오징어링튀김

패스트푸드점에서 먹는 메뉴가 지겨울 때
만들어보세요. 빵과 함께 씹히는 바삭한 굴튀김이
버거의 색다른 매력을 느끼게 해줘요.
오징어링튀김과 함께 먹으면 더욱 맛이 좋아요.

재료

2인

굴	18개
모닝빵	9개
양상추	5장
어린잎채소	5g
마요네즈	조금
식용유	3~4컵

굴 튀김옷

밀가루	1/2컵
카레가루	1½큰술
달걀 푼 것	1개분
빵가루	1½컵
파슬리가루	1½큰술

오징어링튀김

오징어(몸통)	2마리
허브솔트	조금
식용유	3~4컵

오징어 튀김옷

밀가루	1/2컵
달걀 푼 것	1개분
빵가루	1½컵

굴&오징어링 튀김

1 굴은 흐르는 물에 씻어 체에 밭쳐 물기를 빼요. 그런 다음 카레가루를 섞은 밀가루, 달걀, 파슬리가루를 섞은 빵가루 순으로 튀김옷을 입혀요.

2 오징어는 껍질을 벗긴 후 원형으로 썰고 살짝 데쳐요.

3 데친 오징어에 허브솔트로 살짝 밑간을 한 뒤 밀가루, 달걀, 빵가루 순으로 튀김옷을 입혀요.

4 180도로 예열한 식용유에 튀김옷을 입힌 굴과 오징어를 튀겨요.

5 바삭하게 튀겨낸 굴과 오징어를 종이타월에 올려 기름을 제거해요.

굴튀김 미니버거

6 빵에 칼집을 넣고 마요네즈를 바른 다음 양상추, 어린잎채소, 굴튀김을 올려요.

짭쪼름한 양념에
푹 빠진 꽁치를 덮어! 덮어!

꽁치덮밥

특별히 반찬이 많지 않아도
맛있게 한 끼 해결할 수 있는 게 도시락의 매력이죠.
꽁치덮밥의 양념은 가쓰오부시국물 특유의
감칠맛이 나 입맛을 돋워요.

생강채&달걀지단

1 생강은 채를 썰어서 물에 담가 두어요.

2 달걀은 곱게 풀어 준비해요.

3 포도씨유를 두른 팬에 달걀을 모두 부어 얇게 부친 뒤 가늘게 채 썰어요.

구이 양념

4 냄비에 물과 다시마를 넣고 끓이다가 물이 끓어오르기 시작하면 불을 끄고 다시마를 건져내요.

5 가쓰오부시를 넣고 5분 뒤에 고운 체나 면 보자기로 가쓰오부시를 걸러내 가쓰오부시국물을 완성해요.

6 구이 양념 재료를 냄비에 모두 넣은 뒤 양이 1/2가량 줄 때까지 졸여 양념장을 완성해요.

양념 꽁치

7 꽁치는 반으로 갈라 뼈를 제거한 후 레몬즙 또는 청주를 뿌려요. 기름을 두르지 않은 팬에 노릇하게 구워요.

8 6의 양념장을 잘 구워진 꽁치에 모두 넣어요. 양념장이 잘 스며들도록 숟가락으로 양념을 끼얹으며 중불에서 타지 않게 조려요.

도시락에 담기

9 준비한 도시락에 밥을 담고 달걀 지단, 양념한 꽁치를 순서대로 올리고 1의 생강채를 함께 담아 완성해요.

멋내지 않아도
충분히 멋스런 **뉴욕식**
핫도그

할 일 많은 주말에 간편한 도시락을 원한다면
뉴욕식 핫도그가 제격이죠.
재료가 적으니 만들기도 간단하고
맛 또한 부담이 없어 어른, 아이 할 것 없이
모두에게 인기 있는 메뉴랍니다.

요리소리
Tip

피클 대신 잘게 썬 김치를 볶아
넣거나 불고기, 칠리소스, 치즈
소스 등을 기호에 따라 다양하게 넣어도
좋아요.

1 프랑크소시지는 끓는 물에 살짝
데쳐요.

2 다진 피클과 다진 양파를 준비
해요.

3 핫도그빵에 소시지를 넣고 양옆
에 다진 피클과 다진 양파를 듬
뿍 얹어요.

4 적당량의 머스터드와 케첩을 지
그재그로 뿌려요.

MADELINE

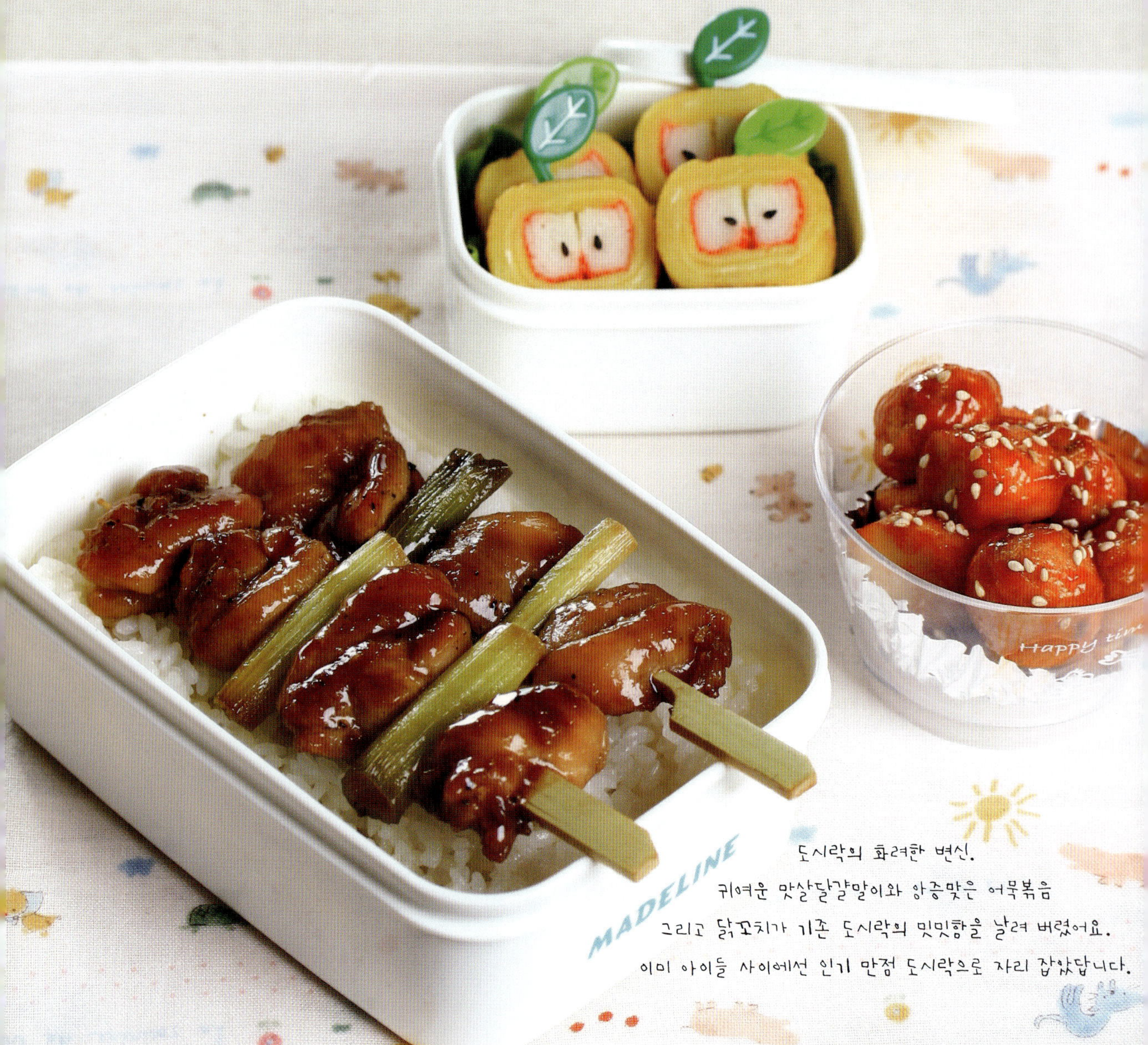

도시락의 화려한 변신.

귀여운 맛살달걀말이와 앙증맞은 어묵볶음

그리고 닭꼬치가 기존 도시락의 밋밋함을 날려 버렸어요.

이미 아이들 사이에선 인기 만점 도시락으로 자리 잡았답니다.

재료

밥	2공기

닭꼬치

닭다리살	4장
후춧가루	조금
청주	1½큰술
대파	2뿌리
포도씨유	1큰술

닭꼬치 양념장

다시마육수(tip 참고)	8큰술
간장	4큰술
설탕	4큰술
청주	4큰술
생강즙	1큰술

맛살달걀말이

달걀	3개
소금	조금
참기름	1작은술
포도씨유	1큰술
맛살	2개

어묵볶음

어묵	230g
포도씨유	1작은술
굴소스	1큰술
토마토케첩	2큰술
청주	2큰술
설탕	1½~2큰술
식초	1큰술
고추장	2/3큰술

다시마육수 만드는 법

재료 | 다시마(5x5cm) 1장, 물 1컵

1 다시마와 물을 냄비에 넣어요. 뚜껑을 닫고 센불에서 끓여요.
2 물이 팔팔 끓으면 불을 중불로 낮춰 10분 더 끓이면 완성이에요.

닭꼬치

1 닭다리살에 후춧가루, 청주를 넣고 고루 묻혀 양념해요.

2 한입 크기로 자른 닭다리살과 대파를 번갈아 꼬치에 끼워요.

3 포도씨유를 두른 팬에 닭꼬치를 올려 앞뒤로 노릇하게 구워요.

4 닭꼬치 양념장 재료를 볼에 모두 넣고 고루 섞어요. 완성한 양념장을 닭꼬치에 고루 부은 뒤 앞뒤로 구워요.

맛살달걀말이

5 달걀, 소금, 참기름을 볼에 넣고 풀어서 체에 한 번 걸러요.

6 포도씨유를 두른 팬에 달걀 푼 것을 부어 밑부분이 살짝 익으면 맛살을 올린 뒤 돌돌 말아요.

7 6의 달걀말이를 김발로 만 채로 한 김 식힌 후 먹기 좋은 크기로 썰어요. 맛살달걀말이에 검은깨를 콕콕 박아 사과 모양으로 만들어요.

어묵볶음

8 끓는 물에 어묵을 2~3분간 데친 뒤 팬에 데친 어묵과 포도씨유, 양념 재료를 함께 넣어 양념장이 배도록 고루 볶아요. 완성한 반찬과 밥을 담아 완성해요.

눈으로 한번, 입으로 한번,
두번먹는
해물영양밥
+모둠전

화려한 색만큼이나 풍부한 영양소를
섭취할 수 있는 해물영양밥과 모둠전.
다양한 전을 골라먹는 재미와
씹는 맛을 느낄 수 있는 도시락이에요.
특히 부모님이 좋아한답니다.

재료

2인

해물영양밥

전복	2개
주꾸미	8마리
칵테일새우	8마리
쌀	2컵

밥 양념

간장	2큰술
청주	2큰술
소금	1작은술
참기름	1½큰술

고명

당근	조금
은행	1/2컵

모둠전

명태포	12조각
애호박	1/2개(180g)
맛살	6개
실파	10뿌리
중하	14마리
밀가루	1½컵
달걀 푼 것	3개분
참기름	1작은술
소금	조금
달걀흰자	1개
쑥갓	조금
홍고추	1개
포도씨유	4~5큰술

해물영양밥

1 밥에 넣을 전복, 주꾸미, 칵테일 새우는 흐르는 물에 깨끗이 씻어 준비해요.

2 전복은 얇게 썰어요. 주꾸미는 머리를 분리하고 다리는 3등분 으로 썰어요.

3 냄비에 새우를 제외한 해물과 씻은 쌀, 밥 양념을 모두 넣은 다음 1~1.1배의 물을 부어서 밥을 해요.

4 밥에 뜸이 들기 시작하면 새우를 넣고 함께 익혀요.

모둠전

5 당근은 얇게 썰어 끓는 물에 데 쳐낸 후 모양틀로 찍어 모양을 내요. 은행은 중불에 볶아 껍질을 제거해요.

6 명태포는 물기를 살짝 제거한 후 소금으로 간을 하고 애호박은 0.7cm 두께로 썰어요. 맛살은 반으로 찢은 후 7cm 길이로 썰어 꼬치에 실파 와 함께 꽂아요.

7 새우 머리를 떼어내고 꼬리는 남 긴 채 몸통의 껍데기를 벗겨요. 등 쪽의 내장을 제거하고 배 부분을 반으로 갈라서 펴요.

8 모둠전 재료에 밀가루를 살짝 묻 히고 소금과 참기름을 넣어 푼 달걀을 입혀요. 새우는 밀가루를 살짝 묻힌 뒤 흰자를 입혀요.

9 달걀을 입힌 재료는 포도씨유를 두른 팬에 구워요. 반쯤 익었을 때 생선전에 쑥갓, 호박전에 홍고추를 올려 타지 않게 지져요.

미소소스주먹밥 +닭봉튀김

화창한 날씨!
가까운 공원으로 소풍가고 싶다면 준비해보세요.
집에서 만든 도시락이라고는 상상할 수 없는
귀여운 주먹밥과 닭봉튀김이 소풍의 즐거움을 더해준답니다.

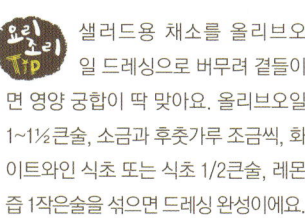

요리 조리 Tip 샐러드용 채소를 올리브오일 드레싱으로 버무려 곁들이면 영양 궁합이 딱 맞아요. 올리브오일 1~1½큰술, 소금과 후춧가루 조금씩, 화이트와인 식초 또는 식초 1/2큰술, 레몬즙 1작은술을 섞으면 드레싱 완성이에요.

미소소스 주먹밥

1 미소소스의 재료를 볼에 모두 넣고 고루 섞어요.

2 따뜻한 밥을 둥글넓적하고 단단하게 만든 다음 아이스크림스틱을 꽂아요.

3 밥 한쪽 면에만 미소소스를 발라요. 기름을 두르지 않은 팬에 밥을 올려 앞뒤로 살짝 구워요.

닭봉튀김

4 닭봉에 허브솔트를 뿌려 밑간을 해 두어요.

5 4의 닭봉에 녹말가루를 뿌려 고루 묻혀요.

6 5의 닭봉을 180도 식용유에 노릇하게 튀긴 후 종이타월에 올려 기름을 빼요.

7 닭봉 소스 재료를 냄비에 넣고 센불에서 끓여요. 보글보글 끓으면 중불로 줄여 양이 1/2로 줄 때까지 졸인 뒤 홍고추를 건져요. 여기에 튀긴 닭봉을 넣어 섞고 소스가 고루 배면 불을 끄고 통깨를 뿌려요.

도시락에 담기

8 도시락에 미소소스 주먹밥과 닭봉튀김을 담아요. 기호에 따라 샐러드도 함께 담아요.

한입에 쏘옥~
골라먹는 재미가 있는

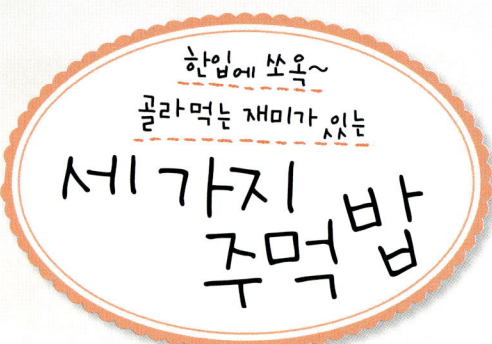

세가지 주먹밥

김밥보다 싸기 간단하고 쉬워
바쁜 아침에 준비하기 좋은 도시락 메뉴.
주먹밥은 다른 반찬을 먹지 않아
자칫 심심할 수 있기 때문에
세 종류의 주먹밥을 준비해
골라먹는 재미를 더했답니다.

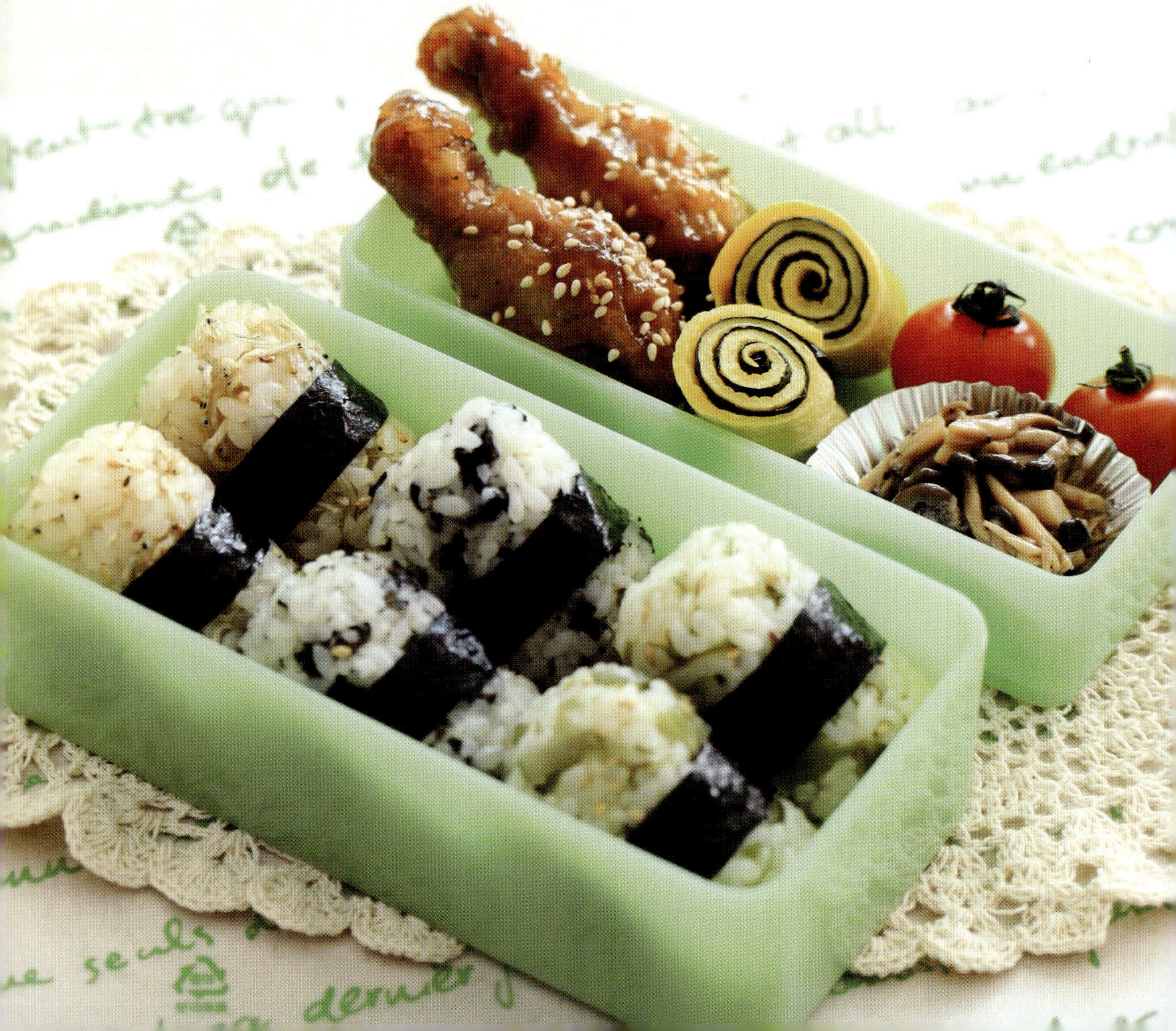

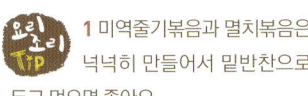

요리 Tip

1 미역줄기볶음과 멸치볶음은 넉넉히 만들어서 밑반찬으로 두고 먹으면 좋아요.

2 닭봉튀김, 김달걀말이, 버섯볶음 등을 반찬으로 곁들이면 더욱 좋아요.

미역줄기볶음

1 염장미역줄기는 물에 담가 소금이 가라앉으면 물로 여러 번 헹궈 짠기를 빼요.

2 먹기 좋은 크기로 자른 뒤 포도씨유를 두른 팬에 다진 마늘과 함께 넣고 2분가량 볶아요. 여기에 미역줄기볶음의 나머지 양념을 모두 넣고 부드러워질 때까지 고루 볶아요.

멸치볶음

주먹밥

3 포도씨유를 두른 팬에 다진 마늘을 넣고 중불에서 30초간 볶다가 잔멸치를 넣고 살짝 볶아요. 여기에 멸치볶음 양념 재료를 모두 넣고 좀 더 볶아요.

4 볼 세 개에 밥을 한 공기씩 담고 각각 잘게 썬 미역줄기볶음, 멸치볶음, 김자반을 5큰술씩 넣은 후 참기름, 통깨를 넣어 버무려요.

5 잘 버무린 밥을 각각 한입 크기로 뭉쳐 주먹밥을 만들어요.

6 1cm 폭으로 자른 김을 주먹밥에 감아 완성해요.

먹으면 먹을수록 건강해지는

세가지
웰빙 채소롤

웰빙푸드의 대표주자 채소롤.
양배추에는 수분과 섬유질이 많이 들어 있어
다이어트 식품으로도 잘 알려져 있죠.
케일 역시 세포를 재생시켜 노화방지에 탁월해요.
웰빙 채소롤 먹고 건강해지세요.

재료 🍴

2인

양배추 큰잎	4장
적채 큰잎	4장
케일	8장
달걀	2개
밥	2½공기
소금	1작은술
포도씨유	조금

표고볶음

표고버섯	5개(100g)
간장	1~1½큰술
설탕	1작은술
참기름	1작은술

양념 오이

오이	1/2개(100g)
식초	1큰술
설탕	1작은술
소금	1작은술

밥 양념

소금	1½작은술
참기름	1큰술

요리조리 Tip 채소롤에 들어가는 속 재료로는 기호에 따라 오이지, 단무지, 매실장아찌, 우엉조림 등을 넣어도 된답니다.

1 양배추와 적채는 꼭지 부분을 자른 뒤 김이 오른 찜통에 7~10분 정도 쪄요.

2 소금을 넣은 끓는 물에 케일을 살짝 데쳐요.

3 포도씨유를 두른 팬에 달걀 푼 것을 부은 뒤 살짝 익혀서 끝부분부터 말아요. 입맛에 따라 소금으로 간해요.

4 달궈진 팬에 채 썬 표고와 양념 재료를 모두 넣고 살짝 볶아요.

5 달걀과 오이를 세로로 길게 자른 다음 오이에만 오이 양념으로 살짝 간을 해요.

6 따뜻한 밥에 밥 양념을 넣고 간을 맞춰요.

7 김발에 케일을 펴고 밥을 올린 후 표고볶음, 오이, 달걀말이를 넣고 말아요. 양배추, 적채도 마찬가지로 각각 김발에 올려서 롤을 만들어요.

8 채소롤은 1cm 정도의 두께로 썰어서 도시락에 담아요.

모두에게 사랑받는
새우가 듬뿍! **슈림프**
샌드위치

카페에서 먹는 샌드위치 부럽지 않은
홈메이드 슈림프 샌드위치를 소개할게요.
속이 꽉 찬 만큼 빵도 두둑하게 채울 수 있죠.
먹고 싶은 만큼 새우를 가득 넣어 보세요.

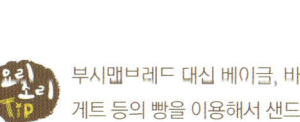

재료

2인

중하	10~12마리
달걀	2개
부시맨브레드	2개
양상추	2장
마요네즈	1큰술
시판용 스위트칠리소스	2큰술
소금	1/2작은술

요리 TIP 부시맨브레드 대신 베이컨, 바게트 등의 빵을 이용해서 샌드위치를 만들어도 맛있어요.

1 끓는 물에 소금을 넣고 새우를 삶은 다음 찬물에 담가 껍질을 벗겨요.

2 달걀을 12~15분 정도 완숙으로 삶아요.

3 삶은 달걀은 에그커터기를 이용해 일정한 두께로 썰어요.

4 부시맨브레드의 가운데를 가른 다음 안쪽 면에 마요네즈를 얇게 펴 발라요.

5 깨끗이 씻은 양상추, 달걀, 새우를 차례대로 올리고 스위트칠리소스를 뿌려요.

6 부시맨브레드가 벌어지지 않도록 종이로 두른 다음 끈으로 묶어 마무리해요.

종이컵에
쏙~넣어 깜찍한 **스위트
치킨랩**

간식용 도시락으로 안성맞춤인 스위트 치킨랩.
마땅한 간식거리가 생각나지 않을 때
추천하고 싶은 메뉴예요.
작고 귀여운 사이즈로 출출함을 달래기 그만이죠.

재료

2인

재료	분량
토마토	1개(200g)
양파	1/2개(50g)
닭고기(안심)	8장
또띠아	4장
로메인상추	8장
양상추	4~5장
허니머스터드	적당량

닭고기 밑간

레몬즙	1큰술
후춧가루	조금

튀김옷

밀가루	1/2컵
달걀 푼 것	1개분
빵가루	1½컵

속재료

닭튀김

1 토마토는 사방 0.8cm 정도의 크기로 깍둑썰고 양파는 잘게 다진 뒤 찬물에 담가 매운맛을 빼요.

2 닭고기는 레몬즙과 후춧가루를 조금 뿌려 밑간해요.

3 밑간한 닭고기는 밀가루, 달걀, 빵가루 순으로 튀김옷을 입혀 기름에 노릇하게 튀겨요.

4 기름을 두르지 않은 팬에 또띠아를 올리고 앞뒤로 살짝 구워요.

치킨랩

5 구운 또띠아 위에 사진처럼 로메인상추, 양상추, 허니머스터드, 양파, 닭튀김, 토마토 순으로 올려요.

6 또띠아의 양옆을 접어서 내용물을 덮은 다음 아랫부분을 접어 올려 사진과 같은 모양으로 완성해요.

다이어트할 때 먹어도 문제없는

아보카도롤

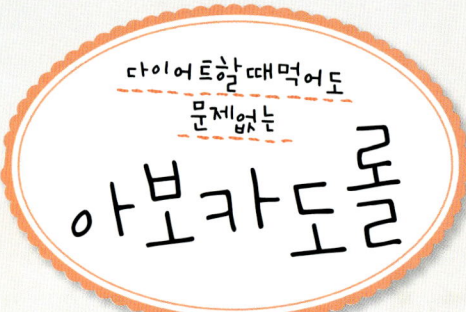

겉은 단단하지만 속은 부드러운 아보카도는
당분 함량이 낮아 다이어트에 효과적인 과일이에요.
비타민이 풍부하고 필수지방산 성분도 있어
피부미용에도 아주 좋답니다.

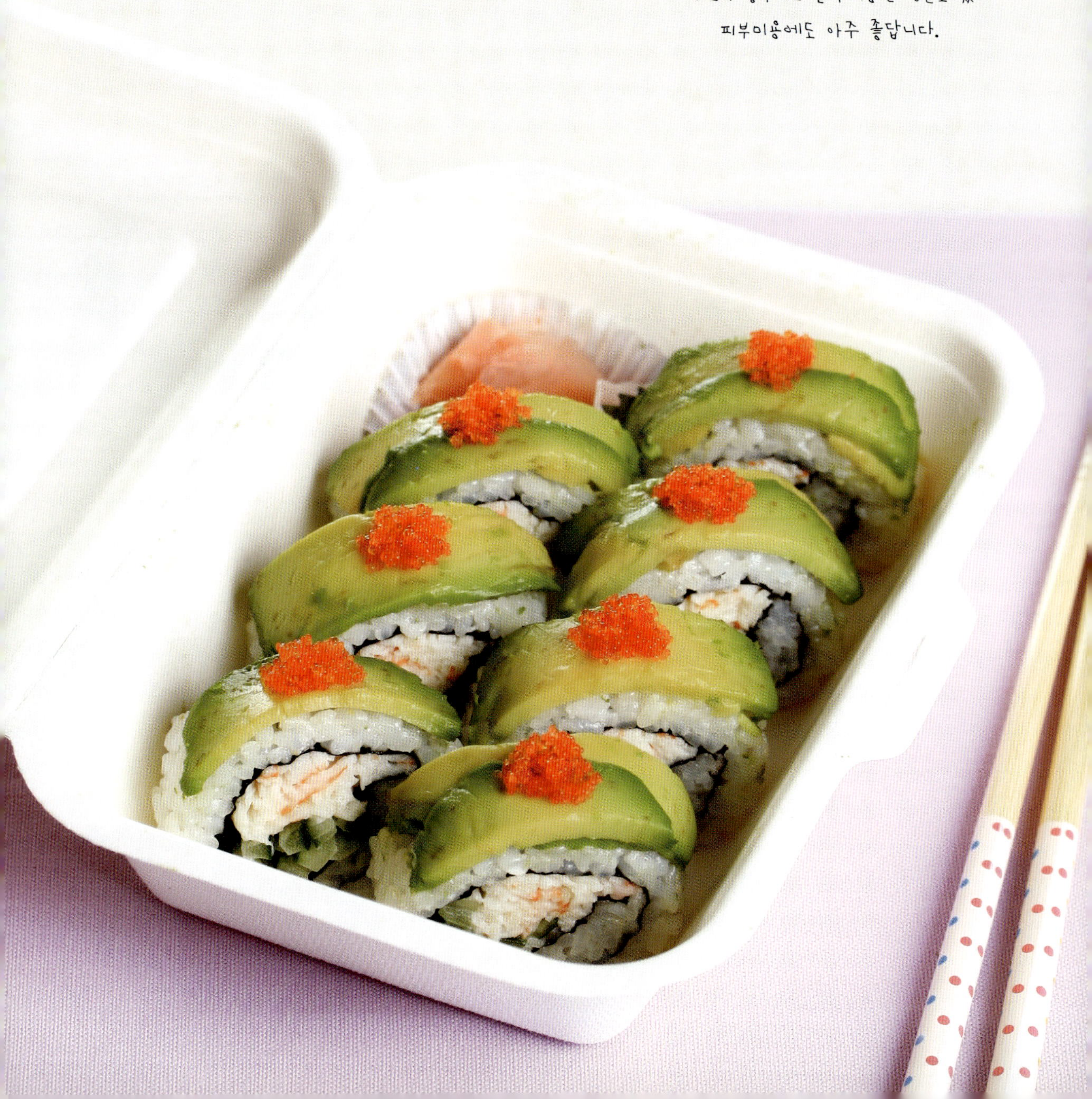

속 재료

1 오이는 굵은 소금으로 비벼 씻은 뒤 3~4등분해요. 토막 낸 오이는 가운데 씨 부분을 제외하고 돌려깎기 해서 채 썰어요.

2 맛살은 결대로 찢은 후 마요네즈와 설탕을 넣고 섞어요.

3 아보카도는 반으로 잘라 껍질과 씨를 제거하고 위 사진처럼 얇게 썰어요.

초밥

4 배합초의 재료를 냄비에 모두 넣고 설탕과 소금이 녹을 때까지 끓여요. 뜨거운 밥에 만든 배합초를 넣고 고루 섞어요.

아보카도 롤

5 랩으로 감싼 김발을 펴고 윗부분을 4cm가량 자른 김을 놓아요. 김 위에 **4**의 밥을 고르게 펴요.

6 밥이 붙은 김을 뒤집은 다음 오이와 맛살을 올려 꼼꼼하게 말아요.

7 **3**의 아보카도를 롤 위에 차곡차곡 올린 다음 랩으로 감싸 아보카도와 롤이 밀착되도록 살짝 눌러요.

도시락에 담기

8 완성한 롤을 먹기 좋은 두께로 썰고 아보카도 위에 날치알을 올려 담아요.

with coffee

잉글리시 머핀

&해시브라운

부드럽고 쫄깃한 빵이 매력적인 잉글리시 머핀과
바삭하고 담백한 해시브라운의 만남.
커피와 함께 여유로운 식사를 즐기기에 딱 알맞은
아메리카 스타일의 도시락이랍니다.

재료	2인
잉글리시 머핀	2개
달걀	2개
베이컨	3장
감자	2개(360g)
소금	1작은술
후춧가루	1/3작은술
치즈	2장
포도씨유	6큰술

1 감자는 껍질을 벗겨 강판에 갈고 소금과 후춧가루로 간을 해요.

2 감자채는 위 사진처럼 둥글넓적 하게 만들어 포도씨유를 두른 팬 에 올려요.

3 감자채를 앞뒤로 튀기듯 부쳐 해 시브라운을 노릇하게 익혀요.

4 포도씨유를 조금 두른 팬이 달궈 지면 약불로 낮춰서 둥근 모양틀 을 올려요. 틀 안쪽에 달걀을 넣고 반 쯤 익으면 모양틀을 뗀 다음 달걀을 뒤집어 뒷면도 익혀요.

5 베이컨은 반으로 자른 다음 기름 을 두르지 않은 팬에 살짝 구워 내요.

6 잉글리시 머핀에 치즈, 달걀, 베 이컨 순으로 올려요.

장어덮밥보다
만들기 쉬워요! 장어
지라시스시

'지라시'는 '뿌리다'라는 일본말이에요.
밥 위에 생선, 여러 가지 채소를 뿌리듯이 얹어서 먹어요.
일본에서는 소풍가는 날이나
아이 생일 때 즐겨 만드는 요리랍니다.

재료

2인

시판용 양념장어구이	2마리
달걀	2개
밥	2공기
포도씨유	1/2큰술
소금	조금
실파	1~2뿌리
무순	조금
생강초절임	2큰술

배합초

식초	6큰술
설탕	4큰슬
소금	2작은술

고명

1 달걀에 소금을 조금 넣고 곱게 풀어요. 포도씨유를 두른 팬에 달걀을 두 번에 나눠 부어서 달걀부침 2개를 만들고, 돌돌 만 뒤 채 썰어 지단을 만들어요.

2 양념장어구이는 한입 크기로 잘라요.

3 준비한 실파는 흐르는 물에 헹구듯 씻은 다음 송송 썰어요. 무순도 물에 씻은 다음 체에 밭쳐 물기를 제거해요.

배합초

4 배합초의 재료 중 식초를 냄비에 넣고 끓기 시작하면 설탕, 소금을 넣어요. 설탕, 소금이 녹을 때까지 끓이면 완성이에요.

5 고슬고슬하게 지은 밥에 **4**의 배합초를 조금씩 부어가며 주걱으로 자르듯 고루 섞어요.

도시락에 담기

6 도시락에 밥을 담고 달걀지단, 양념장어구이를 소복히 올려요. 여기에 무순을 조금 얹은 다음 실파를 뿌려요.

7 생강초절임은 돌돌 말아 장미모양으로 만들어 장식해요.

특별한 도시락을 원한다면

칠리새우

+시금치
당근달걀말이

중국집에서 사먹는 칠리새우는 먹다 보면 왠지 질리죠.
생각보다 쉽게 요리할 수 있는 칠리새우와
느끼함을 덜어주는 시금치당근달걀말이를 함께 넣어
도시락을 준비해보세요.

시금치당근달걀말이

1 시금치는 꼭지를 떼고 물에 깨끗이 씻어요. 끓는 물에 소금 1작은술과 손질한 시금치를 넣고 살짝 데친 후 찬물에 헹궈 물기를 짜요.

2 데친 시금치와 소금 1/5작은술, 참기름을 볼에 넣고 무쳐요. 포도씨유를 두른 팬에 채 썬 당근을 넣고 중불에 살짝 볶아요.

3 노른자와 달걀을 함께 담고 소금으로 간해요. 흰자는 따로 담고 소금으로 간한 뒤 풀어요.

4 포도씨유를 조금 두른 팬에 흰자를 부어 반쯤 익으면 시금치를 얹어 두 번 돌려 만 다음 당근채를 얹어 말아요.

5 포도씨유 두른 팬에 노른자를 넣은 달걀을 부어요. 달걀이 반쯤 익으면 **4**의 달걀말이를 올려서 둘둘 말아 달걀말이를 완성해요.

칠리새우

6 껍질을 벗기고 내장을 제거한 새우와 튀김옷 재료를 볼에 넣고 고루 섞어요. 180도의 식용유에 노릇하게 튀겨 종이타월에 올려 기름을 빼요.

7 포도씨유를 두른 팬에 다진 마늘, 파, 양파, 당근, 청주를 넣고 살짝 볶다가 물녹말을 제외한 소스 재료를 넣고 섞어요. 여기에 튀긴 새우도 넣고 볶아요.

8 소스가 새우에 잘 배면 물녹말을 넣고 되직해지면 완두콩을 넣어요. 도시락에 밥을 담고 양상추를 깔아요. 완성한 칠리새우를 얹어요.

한입 가득 전해지는 즐거움

캘리포니아롤

소풍에서 빼놓을 수 없는 하이라이트, 점심시간!
사람들의 관심을 한 몸에 받을 만한
맛있는 캘리포니아롤을 준비해 간다면
소풍의 즐거움이 두 배가 된답니다.

달걀말이

1 볼에 달걀을 푼 뒤 체로 알끈을 제거해요. 여기에 소금, 맛술, 설탕을 넣고 고루 섞어요.

2 포도씨유를 두른 팬에 달걀을 부어 찢어지지 않게 말아요. 한 김 식힌 달걀말이를 세로로 길게 썰어 6줄을 만들어요.

속재료

3 맛살은 결대로 찢어서 마요네즈와 설탕을 넣고 버무려요.

4 오이는 굵은 소금으로 비벼 닦아요. 오이의 씨 부분을 제외하고 돌려깎아 채 썰어요.

5 아보카도는 반으로 잘라 껍질과 씨를 제거하고 얇게 썰어요.

초밥

6 냄비에 배합초 재료를 모두 넣고 설탕과 소금이 녹을 때까지 끓인 다음 뜨거운 밥에 배합초를 넣고 고루 섞어요.

7 랩으로 감싼 김발을 펴고 윗부분의 4cm를 자른 김을 놓고 밥을 고르게 펴 올려요.

8 밥이 붙은 채로 김을 뒤집고 김 위에 속 재료를 올려 꼼꼼하게 말아요.

9 8의 롤에 각각 빨간색 날치알, 녹색 날치알, 후리카케를 윗부분에 묻혀 1.5cm 정도의 두께로 썰어 내요.

패밀리 레스토랑보다 신선하게~

케이준치킨 샐러드

안심하고 먹을 수 있는 채소를
내 손으로 엄선해 만드는 샐러드.
샐러드만 먹으면 한 끼 식사로는
뭔가 부족한 느낌이 드는데,
케이준치킨 샐러드는 신선한 채소와 치킨을
함께 먹을 수 있어 든든한 식사로 문제없답니다.

재료

2인

닭고기(안심)	8장
삶은 달걀	2개
양상추	1/3~2/3개(130g)
치커리	16g
방울토마토	10개
식용유	2~3컵

밑간 양념

소금·후추·레몬즙	조금

드레싱

베이컨	4장
마요네즈	5큰술
허니머스터드	2큰술
꿀·설탕	2큰술
레몬즙	1작은술

튀김옷

밀가루	1/2컵
달걀 푼 것	1개분
빵가루	1컵
케이준 시즈닝가루	1½큰술

요리 조리 Tip 케이준 시즈닝가루는 매콤한 맛을 내는 조미료예요. 케이준 시즈닝가루가 없다면 빵가루에 고운 고 춧가루를 섞어 튀김옷을 만들어요.

케이준치킨

1 닭고기는 밑간 양념 재료로 간해서 재워 놓아요.

2 2의 닭고기를 밀가루, 달걀, 시즈닝가루를 섞은 빵가루 순으로 묻혀 튀김옷을 입혀요.

3 180도로 예열한 기름에 2의 닭고기를 넣고 노릇하게 튀겨요. 튀긴 닭고기는 종이타월에 올려 기름을 살짝 제거해요.

샐러드

4 삶은 달걀은 껍질을 벗겨 4등분하고 샐러드에 들어갈 양상추, 치커리는 한입 크기로 썰어요. 방울토마토는 깨끗이 씻어 반으로 잘라요.

5 베이컨은 기름을 두르지 않은 팬에 올려 바싹 구운 뒤 사방 1cm 크기로 잘게 잘라요.

6 5의 베이컨과 드레싱 재료를 함께 볼에 담고 고루 섞어요.

도시락에 담기

7 한입 크기로 자른 닭고기, 채소, 토마토, 달걀을 도시락에 모두 담아요. 드레싱은 미리 부으면 닭고기와 채소가 눅눅해지니 따로 담아요.

선물하기에
손색없는 크루아상
샌드위치

정성스러운 선물을 준비하고 싶다면
크루아상 샌드위치를 만들어보세요.
베이커리에서 사는 샌드위치와 달리
직접 만들어 믿음직스럽고
속이 알찬 마음을 전하기 좋아요.

재료

2인

크루아상	4개
양배추	1/10개(65g)
오이	1/2개(70~80g)
맛살	4개
마요네즈	2~3큰술
허니머스터드	1큰술
슬라이스 햄	2장
치즈	2장
로메인상추	4장

속 재료

1 양배추와 오이는 깨끗이 씻어요. 양배추는 얇게 채 썰고 오이는 돌려깎기한 뒤 채 썰어요. 맛살은 얇게 찢어 준비해요.

2 1의 재료를 볼에 담고 마요네즈와 허니머스터드를 넣어 고루 섞어 맛살 샐러드를 완성해요.

3 햄, 치즈, 로메인상추는 크루아상 크기에 맞게 잘라요.

크루아상 샌드위치

4 크루아상은 속 재료를 넣을 수 있을 정도로 반을 가른 다음 허니머스터드를 얇게 펴 발라요.

5 크루아상 사이에 햄, 치즈, 로메인상추, 맛살 샐러드를 두둑하게 넣어 마무리해요.

매력적인 태국식 볶음국수

팟타이누들

새콤하면서도 달콤한 맛을 지닌 매력 만점 팟타이.
쌀국수의 심심함과 향신료의 향을
싫어하는 사람들이 즐겨 먹는답니다.
숙주나물과 스크램블 에그 그리고 새우와 어우러지는
양념 때문에 젓가락을 놓기 힘들어요.

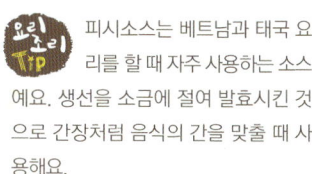

요리소리 Tip 피시소스는 베트남과 태국 요리를 할 때 자주 사용하는 소스예요. 생선을 소금에 절여 발효시킨 것으로 간장처럼 음식의 간을 맞출 때 사용해요.

1 쌀국수는 미지근한 물에 15~20분 정도 불린 후 면이 부드러워지면 건져내 체에 받쳐 물기를 빼요.

2 껍질 벗긴 양파는 채 썰고 부추는 약 5cm 길이로 잘라요. 숙주나물은 흐르는 물에 씻은 다음 물기를 빼요.

3 칵테일새우는 끓는 물에 살짝 데치고 달걀은 볼에 담아 소금을 넣어서 풀어 놓아요.

4 누들소스 재료는 볼에 모두 담아 고루 섞어 준비해요.

5 포도씨유를 두른 팬에 **3**의 달걀을 부은 다음 젓가락으로 저어서 스크램블 에그를 만들어요.

6 포도씨유를 두른 팬에 채 썬 양파와 다진 마늘을 함께 넣고 중불에 달달 볶아요.

7 **6**의 팬에 쌀국수, 칵테일새우, 누들소스를 모두 넣고 중불에 살짝 볶아요.

8 **7**의 내용물에 스크램블 에그, 부추, 숙주나물을 넣고 소스가 고루 섞일 정도로만 볶아내요.

마음 가득 담아 전하는

하트김밥

마음을 담은 도시락을 싸고 싶은 날이 있잖아요.
특별한 재료 없이도 감동을 전할 수 있는
하트 김밥을 만들어보세요.
주는 사람도 받는 사람도 100% 만족한답니다.

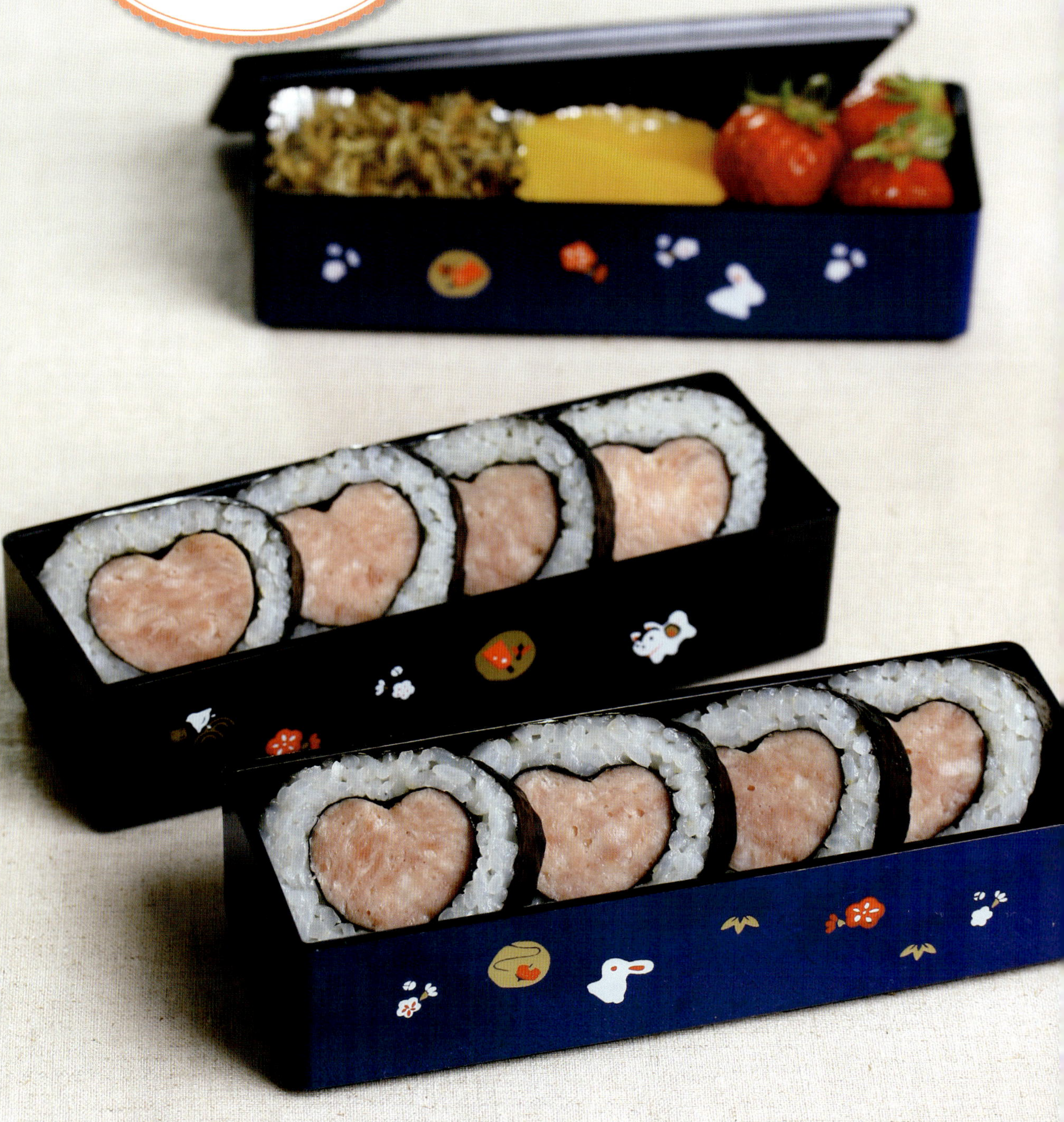

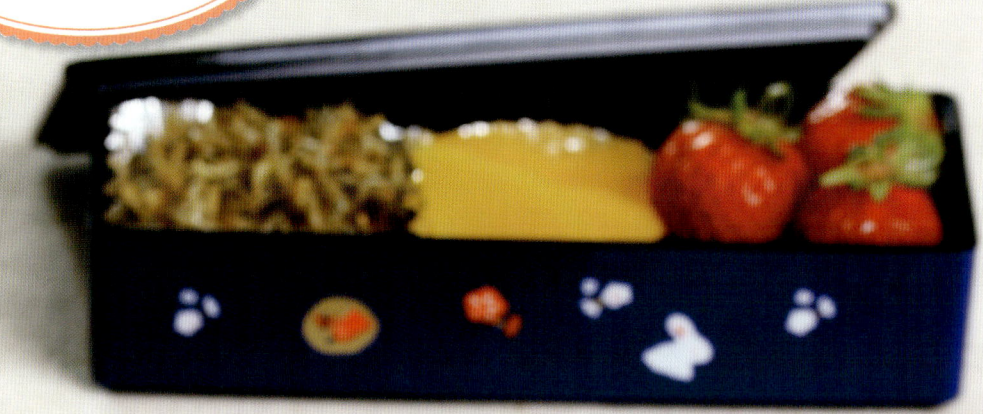

요리조리 Tip
하트 모양틀은 베이커리 재료를 파는 온라인 사이트나 방산 시장에서 쉽게 구할 수 있어요. 하트 외에 별, 꽃 등 다양한 모양틀을 이용해 여러 가지 모양의 김밥을 만들어요.

하트모양햄

1 통조림햄을 약 3cm 두께로 자른 뒤 하트 모양틀로 찍어내요. 이렇게 찍어낸 4개의 하트 모양 햄은 김밥 한 줄 분량이 돼요.

2 **1**의 햄을 달궈진 팬에 놓고 살짝 익혀요.

3 햄 두께에 맞춰 자른 김에 햄을 놓고 잘 밀착시켜 돌돌 말아요. 햄을 한 번 휘감고 남은 김의 끝부분은 잘라내요.

밥양념

4 따뜻한 밥에 참기름과 소금을 넣고 고루 섞어요.

김밥말기

5 김발 위에 김, 밥, **3**의 햄을 순서대로 올려요. 이때 위 사진처럼 김 끝부분의 약 3cm를 남겨 두고 밥을 고루 펴요. 끝부분에 물이나 참기름을 발라 붙여요.

도시락에 담기

6 하트 모양의 움푹 들어간 부분에 밥이 들어가도록 꼼꼼하게 만 뒤 먹기 좋은 크기로 썰어 도시락에 담아요.

가족의 건강을 생각해요~

피시버거

안심하고 먹을 수 있는 홈메이드 피시버거.
햄 대신 생선을 넣어 버거의 색다른 맛을
느낄 수 있을 뿐 아니라
건강까지 생각하는 영양만점 버거랍니다.

🍴재료🍴

2인

명태포 또는 대구포	8장
햄버거빵	2개
양상추	4장
치즈	2장
식용유	2컵
머스터드소스	1/2큰술

밑간 양념

레몬즙	2큰술
소금	1/3작은술
후춧가루	조금

튀김옷

밀가루	3큰술
달걀 푼 것	1개분
빵가루	1/2컵

타르타르소스

삶은 달걀	2개
다진 양파	1½큰술
마요네즈	7~8큰술
다진 피클	1½큰술
레몬즙 또는 식초	1작은술
파슬리	1작은술

생선 커틀릿

1 생선포는 종이타월로 물기를 살짝 제거하고 밑간 양념 재료를 뿌려 양념을 해요.

2 **1**의 생선포는 밀가루, 달걀, 빵가루 순으로 튀김옷을 입혀요.

3 180도로 예열한 식용유에 **2**의 생선을 노릇하게 튀긴 후 종이타월에 올려 기름을 제거해요.

타르타르소스

4 삶은 달걀의 흰자는 잘게 다지고, 노른자는 으깨어 볼에 담아요. 여기에 타르타르소스의 다른 재료를 넣고 고루 섞어요.

요리조리 TIP 삶은 달걀로 만드는
초간단 에그 샌드위치

냉장고를 열었는 데 달걀 외에는 다른 재료가 없다면 에그 샌드위치를 만들어요. 다른 재료 없이도 만들 수 있답니다.

재료 | 삶은 달걀 4개, 샌드위치용 식빵 8쪽, 마요네즈 1½큰술~2큰술, 소금·후춧가루·머스터드소스 조금

1 삶은 달걀의 흰자는 다지고, 노른자는 으깨어 볼에 담아요. 여기에 마요네즈, 소금, 후춧가루, 머스터드소스를 같이 넣고 섞어요.
2 식빵 한쪽에 **1**의 재료를 넣고 다른 식빵을 얹어요.
3 식빵의 테두리는 잘라내고 3~4등분으로 잘라요.

휘시버거

5 빵 안쪽에 머스터드소스를 고루펴 발라요. 양상추, 치즈, **3**의 생선커틀릿을 올린 다음 타르타르소스를 뿌려 완성해요.

아이들에게 인기 짱!
캐릭터 도시락

'와~!' 탄성이 절로 나오는 캐릭터 도시락!
아기자기하다, 앙증맞다, 귀엽다, 사랑스럽다 등등 어떤 형용사를 붙여도 아깝지 않아요.
캐릭터 도시락이라 어렵다 생각할 수 있지만 특별한 솜씨 없이도 만들 수 있어요.

아이들에게 인기 NO.1

햄버그스테이크 도시락

햄버그스테이크는 남녀노소 모두 좋아하지만
특히 아이들이 좋아해요.
햄버그스테이크 도시락으로 아이들 기분 UP!
좋아하는 아이들을 보며 엄마들도 기분 UP!
인기 만점 도시락을 만들어요.

🍴재료🍴

2인

양상추	1/3개(52g)
방울토마토	6개
브로콜리	1/6송이
밥	2공기
메추리알	6개
포도씨유	1큰술

소스

케찹	2/3컵
시판용 우스터소스	2큰술
시판용 A1소스	1½큰술
시판용 돈가스소스	4큰술
버터	1큰술
레드와인	3큰술

햄버거 패티

양파	1/2개(95g)
소고기	300g
돼지고기	300g
빵가루	1컵
달걀노른자	2개
다진 마늘	1큰술
소금	1/2작은술
후춧가루	1/3작은술
포도씨유	2큰술

재료 손질&소스 만들기

1 양상추, 방울토마토는 깨끗이 씻고 브로콜리는 끓는 물에 살짝 데쳐요.

2 냄비에 소스 재료를 모두 넣고 끓여요. 주걱으로 소스를 들어 올렸을 때 뚝뚝 끊어지듯 떨어질 정도로 걸쭉하면 완성이에요.

3 포도씨유를 두른 팬에 메추리알을 깨뜨려 반숙으로 익혀요.

햄버거 패티

4 포도씨유를 두른 팬에 다진 양파를 넣고 소금, 후춧가루로 양념해서 타지 않게 볶아요. 양파를 볶아야 아린 맛도 없어지고 패티에 수분이 생기지 않아요.

5 소고기, 돼지고기, 1의 양파, 빵가루, 달걀노른자, 다진 마늘을 볼에 넣고 소금과 후춧가루로 간을 해요. 끈기가 생길 때까지 고루 치대요.

6 달궈진 팬에 포도씨유를 두르고 동글납작하게 빚은 고기를 올려요. 육즙이 빠져나가지 않게 밑면이 약간 바삭해지면 뒤집어요. 뚜껑을 덮거나 불을 줄여 타지 않게 속까지 고루 익혀요.

도시락에 담기

7 도시락에 밥과 1의 채소와 햄버그 스테이크를 담고 그 위에 소스를 뿌린 뒤 메추리알을 올려 마무리해요.

캐릭터 도시락의 기초~

눈사람
도시락

캐릭터 도시락의 기초! 눈사람 모양의 도시락이에요.
만드는 과정이 어렵지 않아 더 만족스러워요.
다양한 모양의 펀치는
대형 문구점이나 온라인 쇼핑몰에서 구입하세요.

재료

도시락 꾸밈 재료

브로콜리	1/5송이
소금	1작은술
비엔나소시지	4개
유기농 슬라이스 치즈	1장
김	1/4장

어른 눈사람

밥	2공기
소금	1작은술
체다 슬라이스 치즈	1장
당근	조금

이기 눈사람

메추리알	4개
맛살	1개
토마토케첩	조금

도시락 꾸밈 재료

1 브로콜리는 봉오리 부분만 떼어 내 끓는 물에 데쳐요. 소금을 1작은술 넣고 데치면 녹색빛이 더 선명해져요.

2 소시지는 끓는 물에 5분 정도 넣었다 건져요.

3 유기농 슬라이스 치즈는 동그란 모양의 커터로 찍어내요. 김은 눈결정 모양의 펀치로 찍어낸 뒤 치즈 위에 올려요.

어른 눈사람

4 뜨거운 밥은 소금으로 간한 뒤 한 덩어리는 작게, 다른 덩어리는 조금 더 크게 뭉쳐 눈사람 모양을 만들어 도시락에 담아요.

5 도시락의 한쪽 귀퉁이를 데친 브로콜리로 채워요. 체다 슬라이스치즈는 목도리 모양으로 잘라 밥 위에 얹어요.

아기 눈사람

6 메추리알은 끓는 물에 넣어 7분 정도 삶은 뒤 한 김 식혀 껍질을 벗겨요. 따뜻할 때 손가락으로 살짝 눌러 모양을 잡은 뒤 꼬치에 꽂아요.

7 맛살의 빨간 부분으로 **6**의 메추리알에 목도리처럼 둘러요.

도시락에 담기

8 어른 눈사람 옆에 아기 눈사람을 놓고 나머지 공간을 브로콜리와 비엔나소시지로 채워요.

9 김으로 눈사람의 눈, 입 등을 꾸미고 토마토케첩으로 볼을 표현해요. 당근은 꽃 모양 커터로 잘라 눈사람의 옷 단추를 표현해요.

리락쿠마
유부초밥

아이들이 좋아하는 곰돌이 캐릭터 '리락쿠마'를 아시나요?
둥글둥글 귀여운 얼굴과 눈, 코, 입!
이 모든 것을 유부초밥으로 표현했어요.
아이들이 도시락을 열었을 때 절로 미소 짓게 될 거예요.

요리조리 TIP

치즈에 꽂은 카펠리니 면이 처음에는 딱딱해서 씹히지 않아요. 하지만 완성한 상태로 30~40분쯤 두면 다른 재료의 수분을 흡수해 저절로 부드러워져요.

유부조림

1 유부는 끓는 물에 데쳐 기름기를 빼내요. 유부를 데친 국물은 그대로 버려요.

2 1의 데친 유부는 한쪽 끝을 0.5cm 정도 잘라낸 다음 냄비에 넣고 유부조림 양념 재료를 넣어 중불로 바특하게 조려요.

당근버섯조림

3 표고버섯은 갓 부분만 잘게 썰고 당근은 깨끗이 씻어 비슷한 크기로 다져요.

4 다진 당근, 버섯은 당근버섯조림 양념 재료와 함께 냄비에 넣고 중불로 끓이면서 조려요.

초밥

5 배합초 재료를 냄비에 모두 넣고 살짝 끓여요. 그런 다음 큰 볼에 따뜻한 밥과 배합초, 검은깨, 당근버섯조림을 넣고 골고루 섞어요.

6 조린 유부의 가운데를 벌려 5의 밥을 채워 넣고 네모지게 모양을 잡아요. 밥알이 빠져나오지 않게 잘 오므려요.

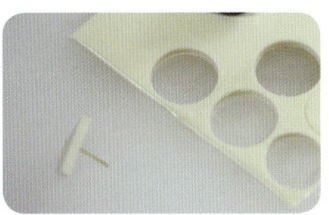

7 유기농 슬라이스 치즈를 둥근 틀로 찍어낸 뒤 반을 잘라요. 카펠리니 면은 1.5cm 길이로 끊어 치즈 한쪽에 이쑤시개처럼 꽂아요.

8 7의 치즈를 리락쿠마 귀 모양처럼 꽂고 코는 치즈를 다시 타원형으로 잘라 가운데에 올려요. 눈과 코는 김을 펀치로 잘라 붙여요.

아이가 집에 돌아올 시간
후다닥 준비할 수 있는 간식 도시락이에요.
예쁜 바구니나 도시락에 담아 식탁 위에 놓고
아이를 기다려보세요.
기다리는 시간마저 행복하답니다.

재료

2인

식빵 ··· 3쪽
슬라이스 햄 ·································· 3장
체다 슬라이스 치즈 ················· 1장
오이 ······················· 1/2개(70~80g)
마요네즈 ·································· 1½큰술

장식

슬라이스 햄 ·································· 5장
꼬치 ·· 15개

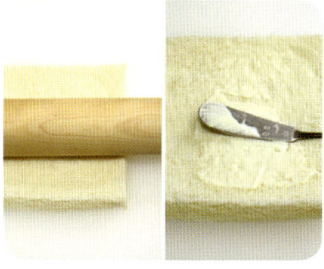

1 식빵 테두리를 정리한 뒤 밀대로 살짝 밀어 빵을 납작하게 눌러요. 그런 다음 한쪽 면에 마요네즈를 골고루 발라요.

2 필러(감자깎이)로 오이 단면을 얇게 썰어 **1**의 식빵 위에 촘촘히 올려요. 그런 다음 김밥 말듯이 돌돌 말아 랩으로 묶어 고정해요.

3 같은 방법으로 슬라이스 햄 또는 슬라이스 치즈를 넣어 샌드위치를 만들어 랩으로 고정해요.

4 어느 정도 모양이 잡히면 랩을 풀고 1.5cm 폭으로 썰어요.

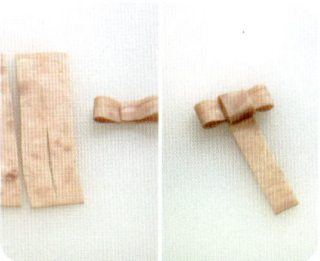
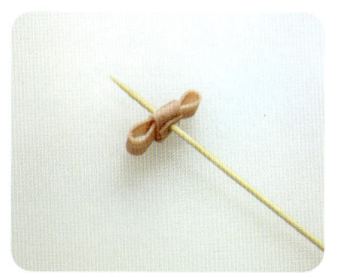

5 장식용 슬라이스 햄을 1cm 폭으로 썬 뒤 리본 모양을 만들어요. 1줄의 끝을 포개지도록 놓은 후 다른 1줄로 감아 꼬치에 꽂아요.

6 **5**의 햄 위에 색색의 롤 샌드위치를 꽂아 완성해요. 1개씩 꽂아 사탕처럼 포장하면 더욱 예뻐요.

특별한 트리를 만들어요~

크리스마스
도시락

이번 크리스마스에는 특별한 트리를 장식해요.
브로콜리와 당근만 있다면
멋진 트리를 만들 수 있어요.
크리스마스에 만들어 온 가족이 나눠 먹어요.

채소 손질

1 끓는 물에 소금을 넣고 브로콜리를 살짝 데쳐요. 당근(장식용)은 길고 얇게 자른 뒤 데쳐요. 색색의 파프리카와 당근은 잘게 다져 준비해요.

3 달걀노른자를 더 넣은 달걀에 다진 파프리카, 당근을 넣고 고루 섞어요.

세모달걀말이

2 달걀흰자는 소금을 넣고 풀어요. 다른 볼에 달걀 1개와 달걀노른자를 담고 체로 알끈을 제거한 뒤 참기름, 소금을 넣고 풀어요.

4 종이타월로 팬에 포도씨유를 고루 발라요. 약불에서 달걀흰자를 붓고 반쯤 익었을 때 돌돌 말아 고루 익혀요.

5 뜨거울 때 **4**의 달걀흰자말이를 재빨리 김발로 만 다음 삼각 모양으로 각을 만들어요. 3분가량 손으로 꼭 잡아요.

6 팬에 포도씨유를 두르고 종이타월로 고루 바른 뒤 중불보다 조금 약한 불에서 **3**의 달걀을 부쳐요.

7 **6**의 달걀이 반쯤 익었을 때 불을 약불로 줄이고 달걀흰자말이를 올려서 돌돌 말아요. 색이 노릇해지지 않을 정도로 익혀요.

8 **7**의 달걀말이가 뜨거울 때 위 사진처럼 김발을 이용해 삼각형으로 만들어 3~5분 정도 손으로 잡아 고정시킨 뒤 썰어요.

크리스마스 도시락

9 도시락에 밥과 세모달걀말이, 맛살을 담아요. 밥 위에 브로콜리 봉오리 부분을 잘라서 위 사진처럼 트리 모양을 만들고 그 위에 잘게 다진 노랑파프리카를 살짝 뿌려요.

10 별 모양틀로 치즈를 찍어 트리 꼭대기에 별을 달아요. 데친 당근(장식용)은 네모지게 잘라 트리 줄기로 만들고, 나머지는 별 모양틀로 찍어 밥을 장식해 완성해요.

병아리로 변신!
메추리알 카레조림

작고 귀여운 노란 병아리 모양의 도시락이에요.
카레 양념에 조려 맛도 좋고 색깔도 예뻐요.
아이들 영양을 챙기고 싶을 때는
메추리알조림 아래 오곡 영양밥, 볶음밥 등을 담아주세요.

재료

2인

메추리알	16개
물	1컵
카레가루	4큰술
검은깨	조금
당근	조금

장식

체다 슬라이스 치즈	2장
유기농 슬라이스 치즈	2장
비엔나소시지	4~5개
밥	2공기
가쓰오부시	1줌
상추	2장

요리 조리 Tip 비엔나소시지 단면을 모양틀로 찍어낸 뒤 끓는 물에 데치면 모양이 더 선명해져요. 꽃 모양, 별 모양, 하트 모양 등 다양한 모양틀을 활용하세요.

메추리알조림

1 메추리알은 끓는 물에 넣어 8분간 삶아낸 뒤 껍질을 벗겨요.

2 물, 카레가루를 냄비에 넣고 **1**의 메추리알을 넣어 센불로 끓이다가 점차 약하게 줄여요. 카레가루가 뭉치지 않게 숟가락으로 저어가며 조려요.

3 메추리알만 건져내 겉에 묻은 카레덩어리를 생수에 살짝 흔들어 헹궈요.

4 검은깨를 메추리알에 붙여 눈을 표현해요. 당근은 작게 썰어 주둥이처럼 붙여요.

곁들이 반찬

5 체다 슬라이스 치즈와 유기농 슬라이스 치즈를 각각 2장씩 겹쳐 4등분해요. 두 치즈를 층층이 겹친 다음 5등분해요.

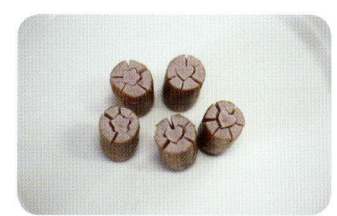

6 비엔나소시지는 한쪽 끝을 살짝 잘라낸 뒤 하트 모양틀로 찍어내요. 하트 둘레에 칼집을 내고 끓는 물에 데쳐요.

도시락에 담기

7 도시락에 밥을 담고 가운데가 오목하게 들어가도록 만져요. 그 위에 가쓰오부시를 얹은 뒤 **4**의 메추리알을 담아요.

8 주변의 빈 공간에 상추를 놓고 그 위에 **5**의 치즈와 비엔나소시지를 담아 장식해요.

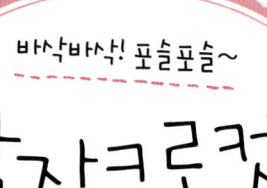

바삭바삭! 포슬포슬~

감자크로켓

겉은 바삭바삭하고 속은 부드러워요!
감자를 비롯한 여러 가지 재료가 쏙쏙 박혀 있어서
한 끼 식사로도 그만이죠. 도시락에 담을 때는
기름기를 흡수하는 유산지를 꼭 깔아주세요.

🍴재료🍴

감자	3개(450g)
당근	1/2개(50g)
애호박	1/3개(30g)
양파	1개(700g)
비엔나소시지	14개
삶은 달걀	3개
소금	1작은술
후춧가루	조금
포도씨유	적당량
식용유	1컵

튀김옷

밀가루	1/2컵
달걀 푼 것	2개분
빵가루	1½컵

요리 Tip 크로켓은 속에 들어 있는 재료를 한 번 익혔기 때문에 돈가스처럼 기름을 많이 두를 필요가 없어요. 팬에 기름을 자작하게 두른 다음 크로켓을 튀겨요.

1 감자는 끓는 물에 넣고 푹 삶아 한 김 식힌 후 껍질을 벗겨 으깨요.

2 당근, 애호박, 양파는 깨끗이 손질해 잘게 다져요. 비엔나소시지도 잘게 다져 준비해요.

3 포도씨유를 적당히 두른 팬에 **2**의 재료를 넣어 볶아요. 간은 소금과 후춧가루로 맞춰요.

4 으깬 감자에 **3**의 볶은 재료와 삶은 달걀을 넣어 섞고 소금으로 간해요. 삶은 달걀은 흰자와 노른자를 나누어 으깬 뒤 넣어요.

5 **4**를 삼각김밥 만들듯이 삼각형으로 뭉친 다음 밀가루, 달걀 푼 것, 빵가루 순으로 묻혀 튀김옷을 입혀요.

6 식용유를 두른 팬에 **5**의 감자크로켓을 앞뒤로 노릇하게 튀겨요.

남은 재료로 뚝딱!
꼬마김밥

특별한 재료가 들어가지 않아도
자꾸 생각나는 김밥~
냉장고에 있는 남은 재료로도 뚝딱 만들 수 있어요.
아이와 근처 공원으로 산책 갈 때
준비하면 잘 어울려요.

재료

2인

시금치	1/2단
소금	1½작은술
참기름	1큰술
당근	1/2개(50g)
단무지	1/2개
밥	3공기
포도씨유	1½큰술
김	3장

밥 양념

소금	1/2~1작은술
참기름	1큰술
통깨	1큰술

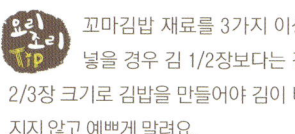

요리 Tip 꼬마김밥 재료를 3가지 이상 넣을 경우 김 1/2장보다는 김 2/3장 크기로 김밥을 만들어야 김이 터지지 않고 예쁘게 말려요.

채소 손질

1 손질한 시금치와 소금 1작은술을 끓는 물에 넣고 살짝 데쳐요.

2 데친 시금치는 찬물에 바로 헹궈 물기를 꼭 짠 뒤 소금 1/2작은술과 참기름으로 양념해요.

3 당근은 깨끗이 손질해 가늘게 채 썰어요. 그런 다음 달군 팬에 포도씨유를 조금 두르고 입맛에 따라 소금 1/2작은술로 간해 달달 볶아요.

4 단무지는 김 길이에 맞게 가늘게 썰어 준비해요. 김밥용 단무지를 구입해 사용해도 좋아요.

밥양념

5 고슬고슬하게 지은 밥에 소금과 참기름, 통깨를 넣고 골고루 섞어요.

꼬마김밥

6 김을 1/2로 자른 다음 한쪽 끝 1cm 정도만 남기고 밥을 얇게 펴서 올려요. 시금치, 당근, 단무지를 순서대로 올려 단단히 말아요.

7 완성한 김밥에 참기름을 살짝 바른 뒤 먹기 좋은 크기로 썰어요.

맛도 잡고 멋도 부리고! 라이스 크로켓

포장용 달걀박스로 폼 나게 포장하는 라이스크로켓.
아이가 소풍 갈 때 싸주면 부러움을
한 몸에 받을 수 있어요. 노랑, 하늘, 핑크 등
다양한 색의 케이스를 활용하면 더욱 멋스러워요.

2인

프랑크소시지	2개
당근	1/3개(70g)
애호박	1/3개(85g)
양파	1/2개(50g)
청피망	1/4개(25g)
노랑피망	1/4개(25g)
밥	2공기
포도씨유	조금
소금	조금
후춧가루	조금
참기름	1⅛큰술
식용유	1큰술

튀김옷

밀가루	1/2컵
달걀 푼 것	1개분
빵가루	1⅛컵

1 프랑크소시지는 껍질을 벗겨 잘게 다져요. 당근, 애호박, 양파, 피망은 깨끗이 손질해서 사방 0.5cm 크기로 잘게 썰어요.

2 팬에 포도씨유를 조금 두른 뒤 양파와 소시지, 당근을 먼저 볶다가 재료가 적당히 익으면 애호박과 피망을 넣어 조금 더 볶아요. 간은 소금과 후춧가루로 맞춰요.

3 밥을 볼에 담고 볶은 재료를 넣은 뒤 고루 뒤섞어요.

4 3의 밥에 소금과 참기름을 넣어 양념한 뒤 동그랗게 뭉쳐요.

5 4의 밥에 밀가루와 달걀 푼 것, 빵가루를 순서대로 묻혀요.

6 180도 정도로 예열한 식용유에 5의 크로켓을 넣고 노릇하게 튀겨내요.

온가족이
늦잠잔 날~ **스누피**
도시락

늦잠을 자 시간이 없을 때
재빨리 챙겨 주기 좋은 센스 만점 도시락!
도시락 뚜껑을 열면 만화 속 스누피가 튀어나와
먹는 재미도 두 배가 된답니다.

재료

2인

달걀	2개
김	1장
밥	2공기
구운 김(장식용)	1장
느타리버섯	1줌(70g)
포도씨유	1/2큰술
소금	조금
맛살	2개
상추	4장

버섯조림 양념

간장	2/3큰술
설탕	1작은술
맛술	1작은술
물엿	1작은술

요리 Tip 느타리버섯조림, 어슷 썬 맛살 대신 집에 있는 다른 밑반찬을 담아도 괜찮아요.

달걀말이

1 달걀을 그릇에 담아 곱게 푼 뒤 체에 한 번 걸러 알끈을 제거해요. 간은 소금으로 맞춰요.

2 포도씨유를 조금 두른 팬에 **1**의 달걀을 얇게 부쳐요.

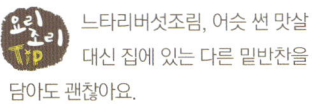

3 뜨거운 달걀 위에 김 1장을 얹어 돌돌 말아요. 그 상태로 한 김 식힌 뒤 적당한 두께로 썰어요. 어슷하게 썰어도 예뻐요. 마찬가지로 맛살도 어슷 썰어요.

느타리버섯 조림

4 팬에 포도씨유를 조금 두른 뒤 손질한 느타리버섯을 볶아요. 버섯의 숨이 살짝 죽으면 조림 양념을 모두 넣어 간이 스며들도록 볶아요.

스누피도시락

5 큰 그릇에 밥을 담고 소금으로 간해요. 밥 2공기 분량으로 스누피 얼굴 모양 2개를 만들 수 있어요.

6 도시락 바닥에 상추를 깔고 그 위에 **5**의 밥을 얹어요. 스누피의 눈과 코, 입, 귀는 김을 오려 붙여요.

7 남은 공간에 미리 만들어둔 달걀말이와 느타리버섯조림, 어슷 썬 맛살을 돌려 담아요.

아이들 입 크기에 딱맞아요!

미니핫도그

아이들의 조그마한 입을 고려해 미니핫도그를 만들었어요!
프랑크소시지 대신 비엔나소시지를 이용했지요.
핫도그 반죽으로 시판용 핫케이크가루를 사용하면
아주 쉽고 간단하게 만들 수 있어요.

재료

5인

비엔나소시지	25개
밀가루	1/2컵
고구마	1개(200g)
감자	1개(200g)
빵가루	1컵
식용유	5컵
꼬치	25개

핫도그 반죽

시판용 핫케이크가루	1½컵
우유	1/2컵
달걀	1개

1 끓는 물에 비엔나소시지를 넣고 데쳐요. 그런 다음 꼬치에 소시지를 꽂아 밀가루를 살짝 입혀요.

2 핫도그 반죽 재료를 큰 볼에 담아 멍울 없이 골고루 섞어요.

3 감자는 껍질을 벗겨 사방 0.5cm 크기로 썰어요. 고구마는 껍질째 깨끗이 씻어 감자와 비슷한 크기로 썰어요.

4 소시지에 **2**의 반죽을 입혀 180도로 예열한 식용유에 한 번 튀겨내요.

5 튀긴 핫도그 위에 핫도그 반죽을 한 번 더 입혀요.

6 고구마, 감자, 빵가루 중 원하는 재료를 묻혀 다시 한 번 노릇노릇하게 튀겨요.

특별한 날 준비해요

사탕주먹밥
+단호박샐러드

아이 생일처럼 특별한 날, 예쁘게 포장한
사탕주먹밥과 단호박샐러드를 싸주세요.
친구들과 하나씩 나눠 먹기에 그만이에요.
양이 적을 것 같다고요?
샐러드가 포만감을 주기 때문에 걱정 없어요!

2인

재료

사탕주먹밥

당근	1/2개(75g)
애호박	1/2개(95g)
양파	1/2개(75g)
완두콩	1/2컵(80g)
포도씨유	1큰술
소금	1/2~1큰술
참기름	1작은술
밥	2공기

단호박샐러드

단호박	1/2개
삶은 달걀	3개
맛살	4개
마요네즈	2큰술

단호박샐러드

1 단호박은 2~3등분해 찜통에 찌거나 전자레인지에 넣고 10분 정도 돌려 익혀요. 그런 다음 껍질을 벗겨 으깨요.

2 삶은 달걀은 노른자와 흰자로 분리해 작게 썰고 맛살도 작게 썰어요. 그런 다음 으깬 단호박에 작게 썬 재료와 마요네즈를 넣고 섞어요.

사탕주먹밥

3 당근과 애호박, 양파를 깨끗이 씻어 완두콩 크기로 네모지게 썰어요. 완두콩은 끓는 물에 소금을 조금 넣고 데쳐요.

4 팬에 포도씨유를 조금 두른 뒤 당근을 볶아요. 당근이 반쯤 익으면 양파와 애호박을 넣고 조금 더 볶아요. 간은 소금으로 맞춰요.

5 큰 볼에 밥을 담고 소금과 참기름으로 양념해요. 여기에 볶은 채소와 완두콩을 넣어 섞은 뒤 동그랗게 뭉쳐요.

6 뭉친 주먹밥을 예쁜 유산지 위에 올려 사탕 모양으로 돌돌 만 뒤 양쪽 끝을 꼬아요. 리본이나 빵끈으로 묶어도 좋아요.

7 단호박샐러드는 플라스틱 디저트 컵에 담아요. 주먹밥과 함께 도시락 케이스에 담으면 완성이에요.

영양을 가득 챙겨요!

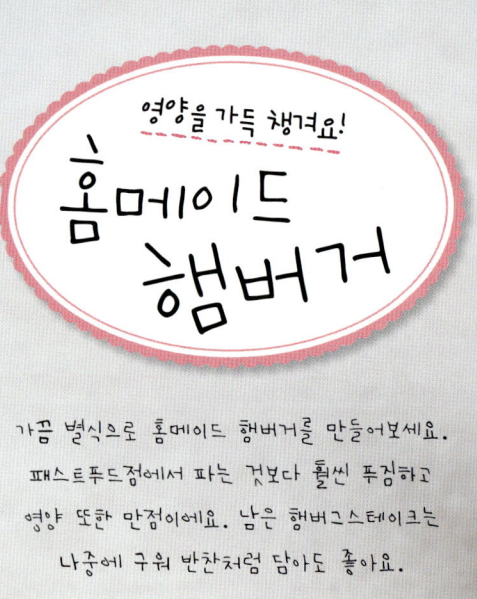

홈메이드 햄버거

가끔 별식으로 홈메이드 햄버거를 만들어보세요.
패스트푸드점에서 파는 것보다 훨씬 푸짐하고
영양 또한 만점이에요. 남은 햄버그스테이크는
나중에 구워 반찬처럼 담아도 좋아요.

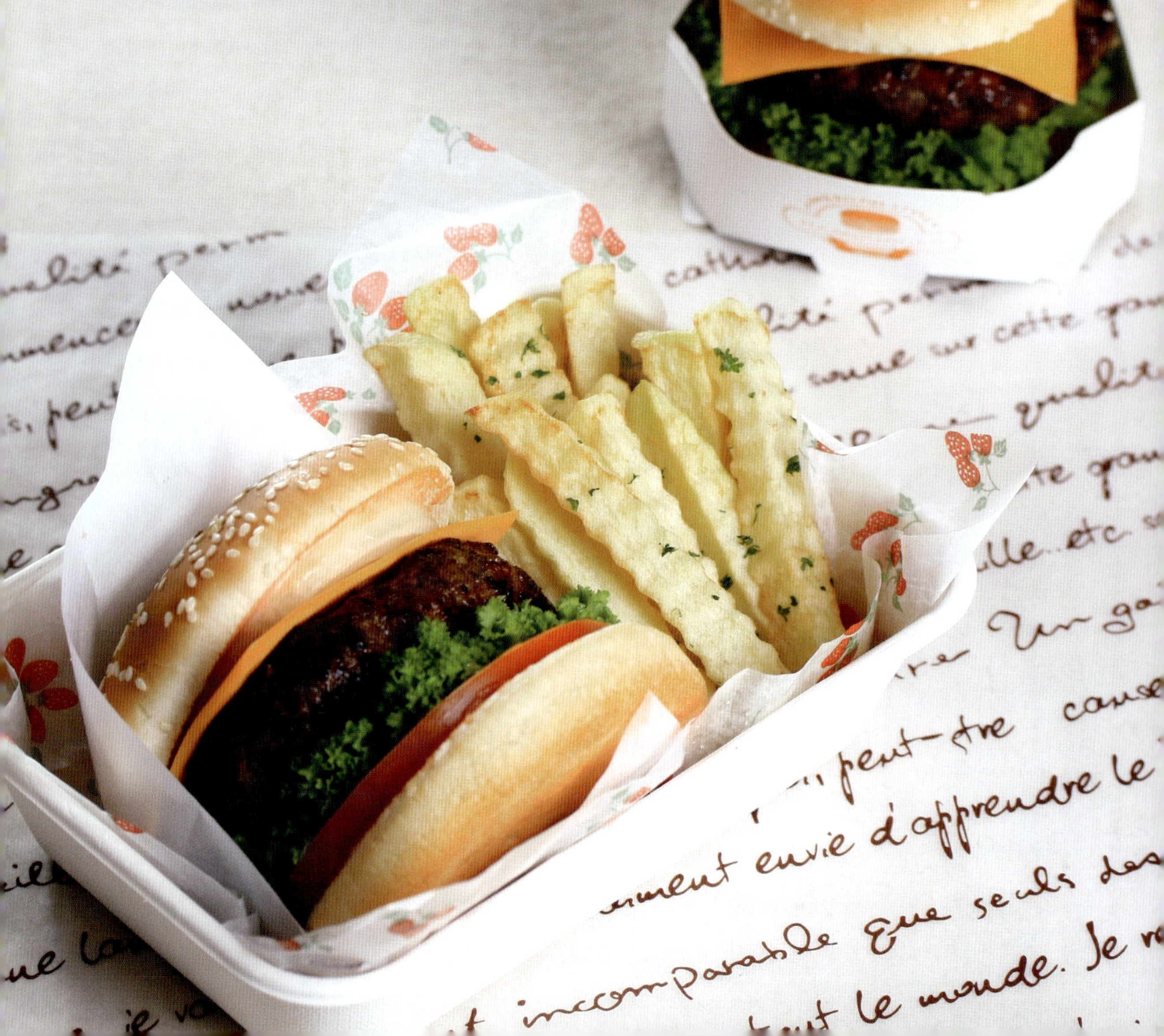

재료

2인

햄버거빵	2개
겨자잎 또는 양상추	4장
슬라이스한 양파	2개
슬라이스한 토마토	2개
체다 슬라이스치즈	2장
마요네즈	1작은술
토마토케첩	1작은술
포도씨유	적당량

햄버그스테이크

양파	1개(100g)
다진 소고기	240g
달걀	1개
소금	1작은술
후춧가루	1/5작은술
빵가루	6~7큰술
우유	3큰술

요리조리 Tip

도톰한 감자튀김을 만들어 햄버거와 같이 포장해주세요. 감자를 1.5cm 두께로 썰어 기름에 튀겨낸 뒤 소금을 솔솔 뿌리면 완성이지요. 감자에 전분이 있으면 튀길 때 서로 엉겨 붙을 수 있으니 차가운 물에 3~5분 정도 담갔다가 물기를 제거한 뒤 튀겨요.

햄버거 스테이크

1 팬에 포도씨유를 조금 둘러 다진 양파를 볶아요. 볶을 때 소금을 솔솔 뿌려 간해요.

2 큰 그릇에 다진 소고기와 달걀, 소금, 후춧가루를 넣고 골고루 섞어요. 그런 다음 **1**의 볶은 양파와 빵가루, 우유를 넣어 다시 한 번 치대 반죽해요.

3 **2**의 스테이크 반죽을 빵 크기보다 조금 크게 빚어요. 둥글납작하게 빚은 뒤 포도씨유를 두른 팬에 노릇하게 구워요.

햄버거

4 햄버거에 들어갈 겨자잎과 토마토, 양파를 준비해요. 물기는 종이타월로 덮어 흡수시켜요.

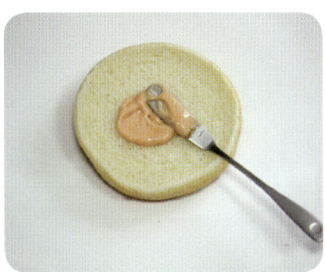

5 햄버거빵 안쪽 면에 마요네즈와 토마토케첩 섞은 것을 펴 발라요.

6 **5**에 토마토, 겨자잎, 햄버그스테이크, 치즈, 양파를 순서대로 올린 뒤 다른 햄버거빵으로 덮어요.

할로윈의 상징,
호박이 넝쿨째로~

할로윈
도시락

10월 31일 밤에 하는 축제, 할로윈!
할로윈 하면 악마의 얼굴을 한 호박이 떠올라요.
집에서 혹은 가까운 친구끼리
할로윈 도시락을 만들어 조촐하게 파티를 즐겨요.

♥재료♥

밥	3공기
삶은 달걀	3개
삶은 메추리알	4개
참치 통조림	1개
마요네즈	1큰술
후춧가루	조금

밥 양념

참기름	1/2큰술
소금	1/3큰술

장식

상추	8상
당근	조금
김	1/2장

요리조리 Tip 과정 **2**에서 밥을 참기름과 소금으로 간하는 대신 배합초를 만들어 양념을 해도 좋아요. 식초 6큰술, 설탕 4큰술, 소금 2작은술을 준비해요. 냄비에 식초를 먼저 넣고 살짝 끓이다가 설탕, 소금을 넣고 다 녹을 때까지 끓여요.

참치&밥 양념

1 참치를 체에 쏟아서 기름을 뺀 뒤 마요네즈와 후춧가루를 넣고 버무려요.

2 밥을 볼에 담고 참기름과 소금으로 간을 해요.

참치주먹밥

3 한주먹 크기로 밥을 떼서 동그랗게 펴요. 그 위에 **1**의 참치를 넣고 동글동글 뭉쳐서 참치주먹밥을 만들어요.

4 삶은 달걀 2개만 노른자를 따로 떼어내 곱게 으깨요. **3**의 주먹밥 몇 개만 으깬 달걀노른자를 고루 묻혀요.

도시락에 담기

5 도시락에 상추를 깔고 주먹밥과 메추리알, 슬라이스한 달걀을 담아요.

6 김으로 유령 표정을 표현하고 박쥐 모양으로 잘라 달걀에 붙여요. 당근은 별 모양틀로 찍어 장식해요.

입안을 깔끔하고 상쾌하게!
도시락 디저트

도시락을 먹은 뒤 깔끔한 마무리를 위한 필수 메뉴, 디저트!
도시락을 열었을 때 디저트가 빠지면 섭섭하죠.
도시락과 어울리는 디저트만 엄선했습니다.
과일모둠, 상큼한 젤리, 쫀득쫀득한 딸기찹쌀떡 등
당장 먹고 싶은 디저트가 가득이에요.

깔끔한 마무리를 위한
과일모둠

도시락을 먹은 뒤 마무리는 역시 과일이 최고죠!
여러 가지 과일을 예쁘게 담아 자신만의 센스를 발휘해요.

과일꼬치

1 꼬치에 포도, 방울토마토, 포도 순으로 꽂아요.

2 키위는 1cm 두께로 자른 뒤 껍질을 1.5cm 정도만 남기고 깎아요. 남은 껍질은 위 사진처럼 주름을 잡아 꼬치로 꽂아요.

요리조리 Tip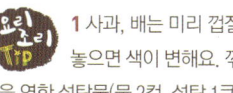

1 사과, 배는 미리 껍질을 깎아 놓으면 색이 변해요. 깎은 과일을 연한 설탕물(물 2컵, 설탕 1큰술)에 잠시 담가 두거나 레몬즙을 조금 뿌리면 색이 변하지 않아요.

2 바나나처럼 말랑한 과일은 설탕물에 담가 두면 물러지므로 레몬즙을 살짝 뿌려서 변색을 막아요.

3 바나나 1개와 꼬치를 만들고 남은 레드키위는 조각으로 잘라 나무꼬치에 꽂아요.

바나나 모양내기

4 바나나 중심에 칼을 찔러 넣어 칼집을 내요.

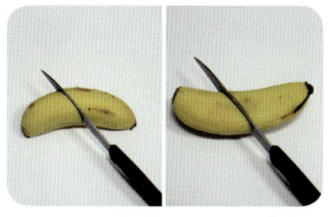

5 바나나를 눕힌 다음 바나나의 반을 **4**의 칼집을 낸 중심까지만 사선으로 잘라요. 바나나를 반대로 돌려 같은 방법으로 반을 잘라요.

6 위 사진처럼 엇갈린 모양으로 바나나가 잘려요.

사과&배 모양내기

7 사과를 4~5등분으로 자른 뒤 꼭지에서 씨까지 일자로 깔끔하게 잘라요.

8 위 사진처럼 껍질에 V자로 칼집을 넣고 일부분만 깎아 토끼귀 모양으로 만들어요. 나머지 껍질은 벗겨내요.

9 배도 같은 방법으로 W 모양으로 칼집을 넣은 다음 살짝 깎아요. 나머지 껍질은 벗겨내 튤립 모양으로 만들어요.

과일담기

10 깎은 과일을 예쁘게 담아요. 방울토마토와 포도를 제외한 남은 과일은 한입 크기로 썰어 컵 도시락에 담아요.

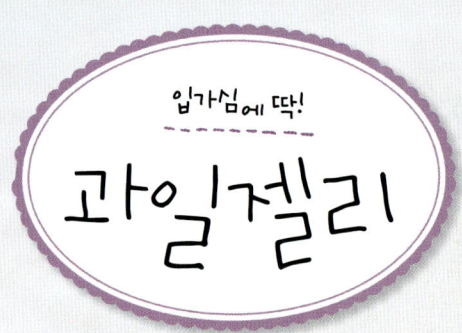

입가심에 딱!

과일젤리

도시락을 먹은 뒤에는 입가심이 필요해요.
입안을 상쾌하게 해 줄 과일젤리를 만들어봐요.
한천가루만 있으면 쉽게 만들 수 있답니다.

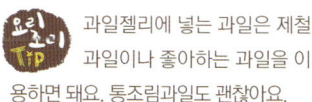

재료

2인

딸기 ·········· 7개
키위 ·········· 1개
물 ·········· 300ml
한천가루 ·········· 1작은술
설탕 ·········· 4큰술
레몬즙 ·········· 1작은술

요리
조리
Tip
과일젤리에 넣는 과일은 제철 과일이나 좋아하는 과일을 이용하면 돼요. 통조림과일도 괜찮아요.

과일 손질

1 딸기는 흐르는 물에 깨끗이 씻어 준비해요.

2 딸기는 꼭지를 따고 반으로 잘라요. 키위는 껍질을 벗기고 2cm 두께로 잘라요.

과일젤리

3 냄비에 물과 한천가루, 설탕, 레몬즙을 담고 10분가량 불린 다음 약불에 저으면서 녹여요. 약간 바글바글할 때까지만 끓여요.

4 용기에 딸기와 키위를 담고 **3**의 내용물을 부어 냉장고에서 1시간 이상 굳혀요.

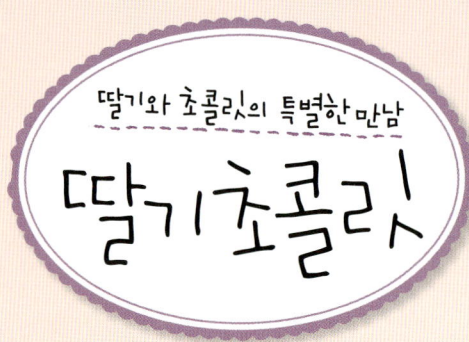

딸기와 초콜릿의 특별한 만남

딸기초콜릿

약간의 솜씨를 발휘해 특별한 초콜릿을 만들어요.
초콜릿만 먹으면 심심하니 상큼한 딸기에
초콜릿 옷을 입혀요. 매끈한 딸기와 윤기나는 초콜릿은
환상의 조합이에요.

♥재료♥

2인

딸기 ························· 18개
다크(밀크)커버춰 초콜릿 ··· 70g
화이트커버춰 초콜릿 ········ 70g

요리조리 Tip

1 초콜릿을 입힌 딸기는 도시락에 담기 전에 실온이 아닌 냉장고에 보관해야 신선해요. 또한 12시간 이내에 먹어야 맛있어요.

2 커버춰 초콜릿 대신 코팅용 초콜릿을 사용해도 되지만 커버춰 초콜릿을 사용해야 더 맛있답니다. 딸기초콜릿은 오래 두지 말고 1~2일 안에 먹는 것이 제일 좋아요.

1 팔팔 끓기 직전까지 데운 물에 초콜릿을 담은 냄비를 넣어 중탕으로 녹여요.

2 딸기를 깨끗이 씻은 다음 물기를 제거해요. 딸기에 **1**의 초콜릿을 묻힌 뒤 철망 위에 올려 굳혀요.

3 **1**과 같은 방법으로 화이트 초콜릿도 중탕으로 녹여요.

4 **2**와 같은 방법으로 딸기에 화이트 초콜릿을 묻혀서 굳혀요.

5 남은 초콜릿은 짤주머니에 각각 담아요. 다크초콜릿을 묻힌 딸기에는 화이트 초콜릿, 화이트 초콜릿을 묻힌 딸기에는 다크 초콜릿을 지그재그로 뿌려요.

말랑말랑~ 입안에서 춤을 추는
캐러멜푸딩

요즘 제과점이나 카페에서 흔히 먹을 수 있는
푸딩을 집에서도 만들어봐요.
부드러운 푸딩의 감촉이 절로 기분 좋게 만들어요.
도시락을 먹은 뒤 안성맞춤이죠.

요리조리 Tip

2의 과정에서 시럽을 한 번 끓인 다음 물을 넣을 때 데지 않도록 조심하세요. 캐러멜소스가 뜨거워 물을 넣으면 튈 수 있으니 조심스럽게 물을 넣어요.

1 푸딩 병은 끓는 물에 5분 정도 넣어서 열탕 소독을 해요.

2 냄비에 설탕과 물(2큰술)을 넣고 중불에서 끓이다가 설탕이 다 녹고 갈색으로 변하면 불을 꺼요. 물(3큰술)을 더 넣고 숟가락으로 휘젓지 말고 냄비째 놀려 섞어요.

3 캐러멜시럽을 푸딩 병 바닥에 조금 고이도록 부어요.

4 달걀노른자와 달걀을 볼에 담고 설탕, 바닐라에센스를 넣어 거품기로 고루 저어요.

5 미지근하게 중탕한 우유를 **4**의 달걀에 부어 거품기로 잘 섞은 뒤 체에 한 번 걸러요. 우유를 너무 데우면 달걀이 익으니 주의해요.

6 오븐팬에 푸딩 병이 약간 잠길 만큼 따뜻한 물을 담고 푸딩 액을 넣은 병을 놓아요. 160도로 예열한 오븐에 30분가량 익힌 후 꺼내어 한 김 식으면 냉장고에 2~3시간가량 넣어 두어요.

찰떡궁합!

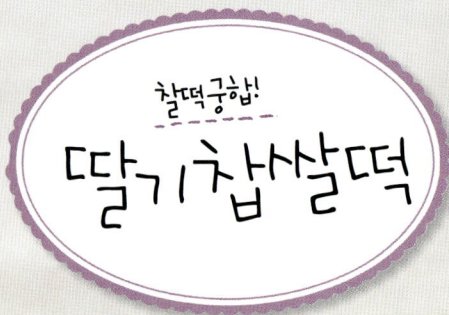

딸기찹쌀떡

시중에서 파는 찹쌀떡에는 팥앙금이 들어 있죠.
조금만 센스를 발휘하면 특별한 찹쌀떡을 먹을 수 있어요.
팥앙금으로 딸기를 감싸 떡에 쏙 넣었어요.
맛은 두말 할 나위 없어요.

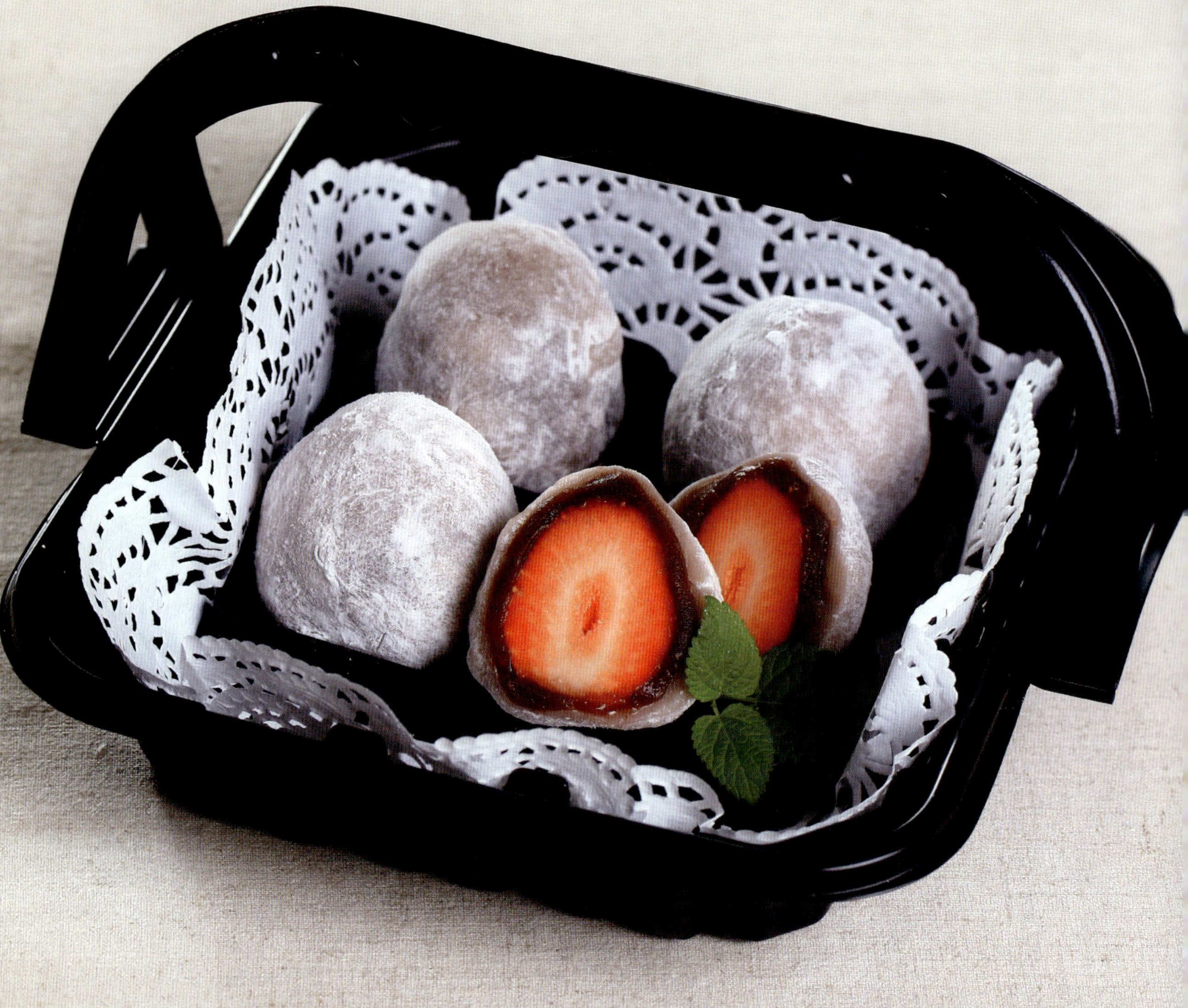

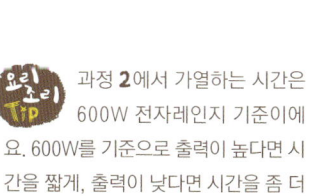

🍴재료🍴

2인

물	200g
딸기가루	1큰술
설탕	100g
찹쌀가루	200g
딸기	10개
팥앙금	200g
녹말가루	2/3컵

요리조리 Tip 과정 **2**에서 가열하는 시간은 600W 전자레인지 기준이에요. 600W를 기준으로 출력이 높다면 시간을 짧게, 출력이 낮다면 시간을 좀 더 길게 가열해요.

1 물에 딸기가루와 설탕을 넣고 고루 섞은 다음 찹쌀가루에 부어 멍울 없이 고루 섞어요.

2 랩을 씌운 채로 1의 찹쌀가루를 전자레인지에 2분 동안 가열해요.

3 가열한 찹쌀가루를 다시 고루 섞어요.

4 다시 랩을 씌워 2분 동안 가열한 다음 섞어요. 한 번 더 이 과정을 반복해요.

5 접시나 도마 위에 녹말가루를 뿌린 다음 4의 찹쌀반죽을 올려요. 딸기 개수에 맞춰 반죽을 나눠요.

6 체에 밭쳐 물기를 제거한 딸기를 팥앙금으로 감싸요.

7 6의 앙금을 찹쌀반죽으로 동그랗게 감싸서 완성해요. 손에 녹말가루를 조금씩 묻혀서 만들면 손에 찹쌀반죽이 달라붙지 않아요.

달콤하게 즐기는 후식~

옥수수맛탕

맛탕 하면 '고구마맛탕'이 떠오르죠.
색다르게 옥수수로 맛탕을 만들어 먹어요.
달콤한 후식을 좋아하는 사람에게 딱이랍니다.

🍴재료👐

2인

통조림옥수수	1개
밀가루	6~8큰술
달걀	1개
식용유	2컵

시럽

설탕	9큰술
식용유	3큰술

옥수수튀김

1 통조림옥수수는 체에 밭쳐 물기를 빼요.

2 옥수수는 큼직하게 다진 다음 볼에 밀가루, 달걀을 함께 넣고 반죽해요.

3 180도로 예열한 식용유에 지름 3cm가량의 크기로 한 숟가락씩 떠 넣어 튀겨요.

시럽

4 불을 약불에 놓고 식용유를 담은 팬에 설탕을 넣어요. 설탕이 녹으면서 연한 노란색으로 변하면 숟가락으로 천천히 저어요.

맛탕

5 4의 시럽이 고르게 연한 갈색으로 변하면 불을 끄고 3의 옥수수튀김을 넣어서 재빠르게 시럽을 묻혀요.

6 옥수수튀김이 잘 떨어지도록 쟁반에 미리 기름칠을 해요. 이 쟁반에 시럽을 묻힌 옥수수튀김을 올린 뒤 2분 정도 식혀요.

Index

"집밥 레시피,
이 책 한 권이면 거뜬하쥬?"

행복한 집밥 삼시세기

이혜영 지음 | 268쪽 | 14,500원

집밥은 손수 고른 재료들로 직접 요리해 먹기 때문에
가장 투명하게 운영되는 오픈 키친과도 같다.
좋은 재료를 골라 손질하고 요리해 먹는 즐거움은 혀뿐만
아니라 온몸을 기쁘고 행복하게 할 것이다.
내 몸이 좋아하는 〈행복한 집밥 삼시세기〉 레시피,
엄선된 재료, 엄선된 레시피로 시작해보자!